"十四五"职业教育江苏省规划教材

机电设备安装与调试技术

主　编　金　玉　陈　冰
副主编　尤富仪　陈　震
参　编　屠　祥

北京理工大学出版社
BEIJING INSTITUTE OF TECHNOLOGY PRESS

内 容 简 介

本书是根据中等职业学校机电设备类专业人才培养方案和课程标准要求编写的,是以"工学结合、校企合作"为特色的创新教材。

本书共3个模块、7个项目、17个任务,每个任务都配套有工作页。本书以典型机械机构和设备为主线,将机械机构、装调工艺、工量具等进行有机组合,介绍机械结构、安装调试基础,以及实训装置、带锯床、数控机床、电梯、机器人等典型设备的安装调试案例。

本书是以任务为载体的理实一体化教材,通过任务目标、任务描述、知识链接、任务实施(见工作页)、任务拓展、任务练习等环节,促进了"做中教,做中学"的实施。

本书可作为中等职业学校机电设备类专业的通用教材,也可供机电设备类初学者参考,同时也可作为企业员工的培训教材。

版权专有　侵权必究

图书在版编目(CIP)数据

机电设备安装与调试技术 / 金玉,陈冰主编．--北京：北京理工大学出版社,2021.10
　ISBN 978-7-5763-0445-9

Ⅰ．①机… Ⅱ．①金… ②陈… Ⅲ．①机电设备-设备安装-中等专业学校-教材②机电设备-调试方法-中等专业学校-教材 Ⅳ．①TH17

中国版本图书馆 CIP 数据核字(2021)第 201631 号

出版发行 / 北京理工大学出版社有限责任公司
社　　址 / 北京市海淀区中关村南大街5号
邮　　编 / 100081
电　　话 / (010)68914775(总编室)
　　　　　 (010)82562903(教材售后服务热线)
　　　　　 (010)68944723(其他图书服务热线)
网　　址 / http://www.bitpress.com.cn
经　　销 / 全国各地新华书店
印　　刷 / 定州市新华印刷有限公司
开　　本 / 889毫米×1194毫米　1/16
印　　张 / 14.75　　　　　　　　　　　　　　责任编辑 / 陆世立
字　　数 / 284千字　　　　　　　　　　　　　文案编辑 / 陆世立
版　　次 / 2021年10月第1版　2021年10月第1次印刷　责任校对 / 周瑞红
定　　价 / 41.00元　　　　　　　　　　　　　责任印制 / 边心超

图书出现印装质量问题,请拨打售后服务热线,本社负责调换

前言

本书积极贯彻教育部《关于进一步深化中等职业教育教学改革的若干意见》精神，服务于中等职业教育的教学内容、教学方法改革。编写组根据行业标准和学生成长规律，归纳课程核心知识和岗位能力要求，把握学科知识逻辑顺序和学生学习心理，与企业合作共同编写了这本具有"工学结合、校企合作"创新性质的教材。

本书典型案例或项目的选择来自与职业岗位活动紧密相关的企业生产管理一线，内容的选择注重相关行业的新知识、新技术、新工艺、新方法，使学生在典型案例的学习或项目任务实践中加深对专业知识与岗位技能的理解和掌握，培养其综合职业能力，满足其职业生涯发展的需求，为其后续学习与发展打好基础。

本书包含了机电设备概述、机电设备典型机械部件装调技术及典型机电设备装调技术3个模块。每个模块由若干个应用型的项目组成，每个项目均由若干个典型的工作任务组成，教学过程中要通过校企合作、校内实训基地建设等多种途径，采取工学结合形式，充分利用学习资源，给学生提供丰富的实践机会。教学效果评价采取过程评价与结果评价相结合的方式，坚持"在评价中学"的理念，通过理论与实践的结合，重点评价学生的职业能力。

本书的编写力求趣味性与习得性相统一，注重实践和实训教学环节，内容上体现"做中学、做中教"的职业教育教学特色，具体如下：

（1）坚持全面育人理念。编写组坚持弘扬优秀传统文化和核心价值观，落实"立德树人"方针，培养学生的工匠精神。在挖掘课程思政元素、激发学生学习兴趣的同时也培养了学生的爱国情怀。

（2）注重工作任务导向。本书体现了以案例和项目为载体、职业实践为主线的模块化课程改革理念，遵循职业教育规律和技能人才成长规律，强化学生职业素养的养成和专业知识的积累，融入专业精神、职业精神和工匠精神，注重爱岗敬业、沟通合作等素质和能力的培养以及质量、安全和环保意识的养成。

（3）服务多元立体学习。本书注重体现信息技术与课程的融合，配套建设了丰富的学习资源，包括PPT、教案、习题及答案、微课视频等，方便学生学习、教师使用。通过立体化出版的方式，促进了多维学习的构建，帮助学生展开线上线下立体式的学习活动。

本书由江苏省连云港工贸高等职业技术学校金玉担任第一主编，江苏省连云港中等专业学校陈冰担任第二主编，江苏省连云港工贸高等职业技术学校尤富仪、江苏新海发电有限公司陈震担任副主编，江苏省连云港工贸高等职业技术学校屠祥参编。其中，金玉担任模块三项目二、项目四的编写工作，陈冰担任模块二任务一、任务二、任务三的编写工作，尤富仪担任模块三项目一、项目三的编写工作，陈震担任模块一项目一、项目二的编写工作，屠祥担任模块二任务四的编写工作。

编者在编写本书的过程中，参考了大量相关教材和资料，同时得到了常州刘国钧高等职业技术学校王猛教授、连云港机床厂有限公司吴海宁及许多同仁的支持和帮助，在此一并表示衷心的感谢。由于编者水平有限，编写时间短促，书中缺点在所难免，恳请给予批评指正。

编 者

2021 年 7 月

教材导读

建议在使用本书进行教学时采取"教学+工作页任务+任务练习",同时辅助课前、课中、课后的自主学习的模式进行。具体教学组织可参考下表实施。

模块序列	项目序列	工作任务序列	课堂教学内容	建议学时
模块一 机电设备概述	项目一 认识一般机电设备的结构	任务一 机械结构系统认识	1. 机械和机器概念 2. 常见机械结构、机械传动 3. 各类常见传动机构的适用场合	4
		任务二 液压传动与气动系统简介	1. 液压传动概念 2. 液压传动工作原理 3. 气压传动概念 4. 气压传动工作原理	4
		任务三 机电一体化典型设备简介	1. 机电一体化产品典型特征 2. 典型机电一体化产品发展趋势	4
	项目二 机电设备安装调试	任务一 机电设备安装调试基础认知	1. 机电设备安装调试的重要性 2. 设备安装地基分类 3. 机电设备安装调试的一般过程及要求	4
		任务二 机电设备安装调试工具及使用	1. 常见机电设备安装调试工具的类型和特点 2. 常见安装工具 3. 合理选择工具	4

续表

模块序列	项目序列	工作任务序列	课堂教学内容	建议学时
模块二 机电设备典型机械部件装调技术	项目 综合实训装置装调技术	任务一 认识THMDZT-1型机械装调技术综合实训装置	1. 实训装置的结构组成及其作用 2. 实训装置的技术性能 3. 实训装置装调对象	4
		任务二 装配与调试变速箱和齿轮减速器	1. 变速箱和齿轮减速器的构成 2. 变速箱箱体和齿轮减速器装配与调整方法 3. 变速箱箱体和齿轮减速器装配工艺 4. 能够进行常见故障的判断分析 5. 齿轮减速器设备空运转试验	4
		任务三 装配与调试二维工作台	1. 二维工作台的构成 2. 滚珠丝杆常见的支撑方式 3. 角接触轴承的常见安装方式 4. 轴承的装配方法 5. 二维工作台的装配与调整方法 6. 常用工量具的使用方法	4
		任务四 装配与调试间歇回转工作台和自动冲床机构	1. 间歇回转工作台的构成 2. 自动冲床机构的构成 3. 零件之间的装配关系 4. 机构的运动原理及功能 5. 槽轮机构的工作原理及用途	4
模块三 典型机电设备装调技术	项目一 带锯床的安装调试与维护技术	任务一 带锯床本体的安装与调试	1. 带锯床的安装原则 2. 带锯床安装调试的工作步骤 3. 带锯床的吊装、就位及组装注意事项	4
		任务二 带锯条的安装与调试	1. 带锯条的安装原则 2. 带锯条的调试措施	4
	项目二 数控机床的安装调试与维护技术	任务一 数控机床本体的安装与调试	1. 数控机床基础的重要性 2. 数控机床安装步骤 3. 数控机床的吊装、就位及组装注意事项	4
		任务二 数控系统的安装与调试	1. 数控系统连接调试的要求 2. 数控系统的连接步骤 3. 数控系统调试步骤 4. 数控机床试车注意事项	4

续表

模块序列	项目序列	工作任务序列	课堂教学内容	建议学时
模块三 典型机电设备装调技术	项目三 电梯的安装调试与维护技术	任务一 电梯导轨的安装与调试	1. 电梯导轨的作用 2. 导轨连接与固定方法 3. 电梯导轨的检验与校正方法	4
		任务二 电梯层门的安装与调试	1. 层门地坎的安装 2. 门套、门导轨的安装步骤及方法 3. 门头板、门扇的安装步骤及方法	4
	项目四 工业机器人的安装调试与维护技术	任务一 工业机器人本体的安装与调试	1. 工业机器人本体安装环境要求 2. 工业机器人本体安装的一般工作步骤 3. 工业机器人螺丝拧紧常用方法	4
		任务二 工业机器人控制柜的安装与调试	1. 工业机器人控制柜安装环境要求 2. 工业机器人控制柜安装位置要求 3. 工业机器人控制柜线束安装要求及其步骤 4. 工业机器人控制柜外接电源要求及其步骤	4

工作任务页配合课堂教学，再通过任务练习加以巩固，以实现"做中学，学中练，学练结合"。

本书主要是以机电设备概述、机电设备典型机械部件装调技术、典型机电设备装调技术3个模块为主，涉及了机电设备安装与调试相关知识，以及相关实践操作的要求和注意事项，建议68学时左右完成。其中，项目任务工作页可结合理实一体化教学模式使用，对学生实践操作具有较好的指导意义，同时配合其他各类资源，可更好地提升教学效果。

目录

模块一　机电设备概述

项目一　认识一般机电设备的结构 ··· 2
  任务一　机械结构系统认识 ··· 3
  任务二　液压传动与气动系统简介 ··· 13
  任务三　机电一体化典型设备简介 ··· 19

项目二　机电设备安装调试 ·· 26
  任务一　机电设备安装调试基础认知 ··· 26
  任务二　机电设备安装调试工具及使用 ··· 33

模块二　机电设备典型机械部件装调技术

项目　综合实训装置装调技术 ··· 48
  任务一　认识THMDZT-1型机械装调技术综合实训装置 ················· 48
  任务二　装配与调试变速箱和齿轮减速器 ····································· 54
  任务三　装配与调试二维工作台 ··· 66
  任务四　装配与调试间歇回转工作台和自动冲床机构 ···················· 77

模块三　典型机电设备装调技术

项目一　带锯床的安装调试与维护技术 ·· 86
  任务一　带锯床本体的安装与调试 ·· 86
  任务二　带锯条的安装与调试 ·· 92

项目二　数控机床的安装调试与维护技术 …… 98
任务一　数控机床本体的安装与调试 …… 98
任务二　数控系统的安装与调试 …… 105

项目三　电梯的安装调试与维护技术 …… 113
任务一　电梯导轨的安装与调试 …… 113
任务二　电梯层门的安装与调试 …… 117

项目四　工业机器人的安装调试与维护技术 …… 123
任务一　工业机器人本体的安装与调试 …… 123
任务二　工业机器人控制柜的安装与调试 …… 128

参考文献 …… 134

附图 …… 135

模块一 机电设备概述

项目一

认识一般机电设备的结构

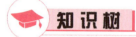知识树

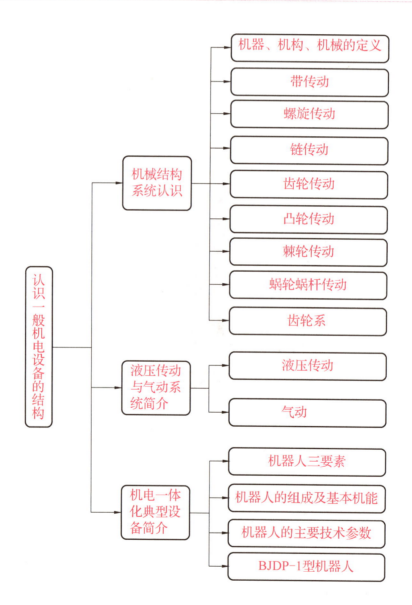

任务一　机械结构系统认识

随着科技的发展，机械的内涵不断变化，并根据用途的不同有着不同的组成结构。机械结构是机电一体化系统的最基本要素，主要用于执行机构、传动机构和支承部件，以完成规定的动作，传递功率、运动和信息，支承连接相关部件等。

任务目标

（1）掌握机械、机器的概念；
（2）掌握常见的机械结构、机械传动；
（3）了解各类常见传动机构的适用场合。

任务描述

通过学习本任务，可以简单了解常用机电设备结构的组成，并简单了解其工作原理。试着说出图 1-1-1 中机电设备的名称及其组成部分，以及其工作原理。

图 1-1-1　几种机电设备

知识链接

机械通常有两类，即加速机械和加力机械。

一、机器、机构、机械的定义

1. 机器与机构、零件与构件

机械是机器与机构的总称。机械是能帮人们降低工作难度或省力的工具装置，像筷子、扫帚以及镊子一类的物品都可以被称为机械，并且它们是简单机械。复杂机械由两种或两种以上的简单机械构成，通常把这些比较复杂的机械叫做机器。从结构和运动的观点来看，机构和机器并无区别，泛称为机械。

机器与机构的情况对比如表1-1-1所示。

表1-1-1 机器与机构的情况对比

名称及定义	特征	功用	举例
机器：根据使用要求而设计制造的一种执行机械运动的装置，用于变换或传递能量、物料与信息，代替或者减轻人的体力和脑力劳动	（1）是人为的实物（构件）组合体。 （2）各运动实体之间具有确定的相对运动。 （3）实现能量转换或完成有用的机械功	利用机械能做功或者实现能量转换	电动机、机床、计算机等
机构：具有确定相对运动的构件的组合	（1）是人为的实物（构件）组合体。 （2）各运动实体之间具有确定的相对运动	传递或转换运动或实现特定的运动形式	齿轮机构、带传动等
零件：机器及各种设备的基本组成单元	制造单元	构成机器	螺母、螺栓等
构件：机构中的运动单元体	运动单元。构件可以是一个独立的零件，也可以由若干个零件组成	许多具有相对确定运动的构件组成的为机构	内燃机中的连杆等

2. 机器的组成

机器的组成通常包括动力部分、传动部分、执行部分、控制部分。例如，洗衣机的带传动为传动部分，电动机为动力部分，波轮为执行部分，控制面板为控制部分。机器各组成部分的作用和应用举例如表1-1-2所示。

表1-1-2 机器各组成部分的作用和应用举例

组成部分	作用	应用举例
动力部分	给机器提供动力、实现能量转换	电动机、内燃机、液压马达等
传动部分	将动力机的动力和运动传递给执行系统的中间装置	齿轮传动、带传动等
执行部分	利用机械能来改变作业对象的性质、状态、形状或位置，或对作业对象进行检测、度量等以进行生产或达到其他预定要求	机床的主轴、拖板等
控制部分	使动力系统、传动系统、执行系统彼此协调运行，并准确可靠地完成整机功能	数控机床的控制装置等

二、带传动

带传动是利用张紧在带轮上的柔性带传递运动或动力的一种机械传动方式。根据传动原理的不同,有靠带与带轮间的摩擦力传动的摩擦型带传动,也有靠带与带轮上的齿相互啮合传动的同步带传动。

按带的横截面形状的不同可将其分为以下5种类型。

(1) 平带传动。平带的横截面为扁平矩形,内表面与轮缘接触为工作面,适用于平行轴交叉传动和交错轴的半交叉传动。平带传动结构简单,但容易打滑,通常用于传动比为3左右的传动。

(2) V带传动。V带的横截面为梯形,两侧面为工作面,工作时V带与带轮槽两侧面接触,V带传动的摩擦力约为平带传动的3倍,故能传递较大的载荷。

(3) 多楔带传动。多楔带是若干V带的组合,可弥补多根V带长度不等、传力不均的缺点。

(4) 圆形带传动。圆形带的横截面为圆形,常用皮革或棉绳制成,只用于小功率传动。

(5) 同步带传动。同步带的工作面做成齿形,带轮的轮缘表面也做成相应的齿形,带与带轮主要靠啮合进行传动。与普通带传动相比,同步带传动的特点是传动比恒定、准确;质薄且轻,可用于速度较高的场合,传动效率可达98%;结构紧凑,耐磨性好;预拉力小,承载能力也较小;制造和安装精度要求甚高,要求有严格的中心距,故制造成本较高。同步带传动主要用于要求传动比准确的场合,如计算机中的外部设备、电影放映机、录像机和纺织机械等。

带传动具有结构简单、传动平稳、成本低、使用维护方便、有良好的挠性和弹性、能缓冲吸振、过载打滑、可以在大的轴间距和多轴间传递动力、造价低廉、不需润滑、维护容易等特点,在近代机械传动中应用十分广泛。常见的带传动如图1-1-2所示。

图1-1-2 常见的带传动

摩擦型带传动虽然运转噪声低,但过载打滑、传动比不准确(滑动率在2%以下);同步带传动可保证传动同步,但对载荷变动的吸收能力稍差,高速运转有噪声。带传动除用来传递动力外,有时也用来输送物料、进行零件的整列等。

三、螺旋传动

1. 螺旋传动的类型和应用

螺旋传动机构由螺杆和螺母以及机架组成，主要功用是将回转运动转变为直线运动，从而传递运动和动力。

螺旋传动按其用途可分为如下 4 类。

（1）传力螺旋传动：主要用于传递轴向力，如螺旋千斤顶（见图 1-1-3）和螺旋压力机中用螺旋等。

（2）传导螺旋传动：主要用于传递运动，如车床的进给螺旋、丝杠螺母（见图 1-1-4）等。

（3）调整螺旋传动：主要用于调整、固定零件的位置，如车床尾座（见图 1-1-5）、卡盘爪的螺旋等。

（4）测量螺旋传动：主要用于测量仪器，如千分尺（见图 1-1-6）等。

图 1-1-3　螺旋千斤顶　　图 1-1-4　丝杠螺母　　图 1-1-5　车床尾座　　图 1-1-6　千分尺

2. 螺旋机构的特点

（1）减速比大。螺杆转动一周，螺母只移动一个导程。

（2）机构效益大。在主动件上施加一个不大的扭矩，就可在从动件上得到很大推力。

（3）可以使机构具有自锁性。当螺旋升角不大于螺旋副中的当量摩擦角时机构具有自锁性。

（4）结构简单、传动平稳、无噪声。

螺旋机构按其螺纹副间的摩擦性质的不同，可分为滑动螺旋和滚动螺旋。而滑动螺旋又可分为普通滑动螺旋和静压滑动螺旋等。结构最简单而且应用最广泛的是普通滑动螺旋。

由于滑动螺旋存在摩擦力大、磨损大、效率低、寿命短等缺点，远不能满足现代机械传动的要求，因此出现了滚动螺旋。

滚动螺旋与滑动螺旋相比具有摩擦损失小，传动效率高；磨损小，工作寿命长；灵敏度高，且运动有可逆性等优点，故其在数控机床、汽车中得到广泛应用。

四、链传动

链传动是通过链条将具有特殊齿形的主动链轮的运动和动力传递到具有特殊齿形的从动链轮的一种传动方式，如图 1-1-7 所示。链传动与带传动相比有许多优点：无弹性滑动和打滑现象，平均传动比准确，工作可靠，效率高；传递功率大，过载能力强，相同工况下的传动尺寸小；所需张紧力小，作用于轴上的压力小；能在高温、潮湿、多尘、有污染等恶劣环境中工作。链传动的缺点：仅能用于两平行轴间的传动；成本高，易磨损，易伸长，传动平稳性差，运转时会产生附加动载荷、振动、冲击和噪声，不宜用在急速反向的传动中。

传动链有齿形链和滚子链两种。齿形链是利用特定齿形的链片和链轮相啮合来实现传动的，如图1-1-8所示。齿形链传动平稳，噪声很小，故又称无声链传动。齿形链允许的工作速度可达40 m/s，但其制造成本高，质量大，故多用于高速或运动精度要求较高的场合。

图 1-1-7 链传动　　　　　　　图 1-1-8 齿形链

五、齿轮传动

齿轮传动是利用两齿轮的轮齿相互啮合来传递动力和运动的机械传动，如图1-1-9所示。在所有的机械传动中，齿轮传动应用最广，主要用来传递相对位置不远的两轴之间的运动和动力。

图 1-1-9 齿轮传动

齿轮传动的特点是传动平稳，传动比精确，工作可靠、效率高、寿命长，使用的功率、速度和尺寸范围大。例如，传递功率范围为很小至几十万千瓦；速度最高可达300 m/s；齿轮直径范围为几毫米至二十多米。但是，制造齿轮需要有专门的设备，否则啮合传动会产生噪声。

齿轮传动按齿轮的外形可分为圆柱齿轮传动、锥齿轮传动、非圆齿轮传动、齿条传动和蜗杆传动；按轮齿的齿廓曲线可分为渐开线齿轮传动、摆线齿轮传动和圆弧齿轮传动等；按其工作条件又可分为闭式、开式和半开式传动。把传动密封在刚性的箱壳内，并保证良好的润滑，称为闭式传动，被较多采用，尤其是速度较高的齿轮传动，必须采用闭式传动。开式传动是外露的、不能保证良好的润滑,仅用于低速或不重要的传动。半开式传动介于两者之间。

六、凸轮传动

凸轮机构将凸轮的连续转动转化为从动件的往复移动或摆动。凸轮机构如图1-1-10所示,凸轮轴如图1-1-11所示。

图1-1-10 凸轮机构

图1-1-11 凸轮轴

凸轮机构可分为平板凸轮、移动凸轮、圆柱凸轮。

凸轮机构机构简单、紧凑,容易磨损,多用于传递动力不大的控制机构和调节机构。

七、棘轮传动

机械中常用的外啮合式棘轮机构由主动摆杆、驱动棘爪、棘轮、止回棘爪和机架组成。主动件空套在与棘轮固连的从动轴上,并与驱动棘爪用转动副相联。当主动件顺时针方向摆动时,驱动棘爪便插入棘轮的齿槽中,使棘轮跟着转过一定角度。此时,止回棘爪在棘轮的齿背上滑动。当主动件逆时针方向摆动时,止回棘爪阻止棘轮发生逆时针方向转动,而驱动棘爪却能够在棘轮齿背上滑过。此时,棘轮静止不动。因此,当主动件做连续的往复摆动时,棘轮做单向的间歇运动。棘轮机构如图1-1-12所示。

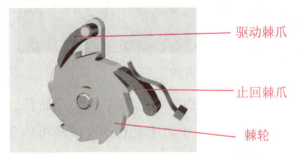 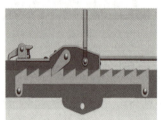
图1-1-12 棘轮机构

1. 棘轮机构的分类

棘轮机构在机械运动中应用较为广泛,其分类及特点如表1-1-3所示。

表 1-1-3 棘轮机构的分类及特点

分类标准	类别	特点
按结构形式	齿式棘轮机构	齿式棘轮机构的优点是结构简单,制造方便;动与停的时间比可通过选择合适的驱动机构实现。缺点是动程只能进行有级调节;噪声、冲击和磨损较大,故不宜用于高速传动
	摩擦式棘轮机构	摩擦式棘轮机构是用偏心扇形楔块代替齿式棘轮机构中的棘爪,以无齿摩擦代替棘轮,适用于低速轻载的场合。特点是传动平稳、无噪音,动程可无级调节;但因靠摩擦力传动,会出现打滑现象,虽然可起到安全保护作用,但是传动精度不高
按啮合方式	外啮合棘轮机构	外啮合棘轮机构的棘爪或楔块均安装在棘轮的外部,由于加工、安装和维修方便,因此应用较广
	内啮合棘轮机构	内啮合棘轮机构的棘爪或楔块均在棘轮内部,特点是结构紧凑,外形尺寸小
按从动件运动形式	单动式棘轮机构	单动式棘轮机构是当主动件按某一个方向摆动时,才能推动棘轮转动
	双动式棘轮机构	双动式棘轮机构在主动摇杆向两个方向往复摆动的过程中,分别带动两个棘爪,两次推动棘轮转动。常用于载荷较大,棘轮尺寸受限,齿数较少,而主动摆杆的摆角小于棘轮齿距的场合
	双向式棘轮机构	双向式棘轮机构不同于前两个棘轮机构,都只能按一个方向做单向间歇运动,可通过改变棘爪的摆动方向,实现棘轮两个方向的转动

2. 棘轮机构的应用

棘轮机构的主要用途有间歇送进、制动和超越等。例如在用牛头刨床切削工件时,刨刀需做连续往复直线运动,工作台做间歇移动。

八、蜗轮蜗杆传动

图 1-1-13 为蜗轮蜗杆传动。蜗杆机构常用来传递两交错轴之间的运动和动力。蜗轮与蜗杆在其中间平面内相当于渐开线齿轮与齿条的啮合。

蜗轮及蜗杆机构常被用于两轴交错、传动比大、传动功率不大或间歇工作的场合。

蜗轮蜗杆传动的特点如下。

(1) 可以得到很大的传动比,结构紧凑。

图 1-1-13 蜗轮蜗杆传动

（2）两轮啮合齿面间为线接触，其承载能力大大高于交错轴斜齿轮机构。

（3）蜗杆传动相当于螺旋传动，为多齿啮合传动，故传动平稳、噪声很小。

（4）具有自锁性。当蜗杆的导程角小于啮合轮齿间的当量摩擦角时，机构具有自锁性，可实现反向自锁，即只能由蜗杆带动蜗轮，而不能由蜗轮带动蜗杆。例如，在起重机械中使用的自锁蜗杆机构，其反向自锁性可起到安全保护作用。

（5）传动效率较低，磨损较严重。蜗轮蜗杆啮合传动时，啮合轮齿间的相对滑动速度大，故摩擦损耗大、传动效率低。此外，如果相对滑动速度大会使齿面磨损、发热严重，为了散热和减小磨损，常采用价格较为昂贵的减摩性与抗磨性较好的材料及良好的润滑装置，因而成本较高。

（6）蜗杆轴向力较大。

九、齿轮系

由两个以上的齿轮组成的传动称为轮系。齿轮系是对齿轮分类的总称，有定轴齿轮系和行星齿轮系两大系列，可实现分路传动、变速传动，在钟表时分秒指针、减速箱齿轮系中广泛应用。常见轮系如图 1-1-14 所示。

图 1-1-14　常见轮系

1. 齿轮系的类型

齿轮系分为两大类：定轴齿轮系（定轴线轮系或定轴轮系）和行星齿轮系（动轴线轮系或周转轮系）。

定轴齿轮系：当齿轮系运转时，若其中各齿轮的轴线相对于机架的位置始终固定不变，则该齿轮系称为定轴齿轮系。定轴齿轮系又分为平面定轴齿轮系、空间定轴齿轮系。

周转轮系：当齿轮运转时，其中存在齿轮的轴线相对于某一固定轴线或平面转动，则此齿轮系称为周转轮系。周转轮系根据自由度目数分为差动轮系和行星轮系。

2. 齿轮系的应用

（1）实现分路传动，如钟表时分秒指针。

（2）换向传动，如车床走刀丝杆三星齿轮系。

（3）实行变速传动，如减速箱齿轮系。

(4)运动分解,如汽车差速器。

(5)实现大功率传动,如尺寸及质量较小的场合。

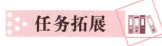

阅读材料——直线运动机构

直线运动机构是使构件上某点做准确或近似直线运动的机构。17世纪晚期,在人类能造出精确滑杆和导槽之前出现了一种机械设计思想,其目的是用制造简便的刚片连杆和铰的组合实现直线导槽和滑杆的功能,使构件上某点做准确或近似直线运动。由于现在加工高精度滑杆和导槽已无困难,因此这种机构已不多见,仅在仪表和某些机械上还有应用。但这种设计思想对于现代的仿生学机械设计有着重要的启发作用。直线运动机构分为近似直线运动机构和准确直线运动机构的两类,它们有着各自的特点,被应用在不同的场合。

1. 波塞利耶-利普金直线运动机构

波塞利耶-利普金直线运动机构(又称为波舍利直线运动机构)由法国军官查理·尼古拉·波赛利耶(1832—1913)和约姆·托伍·李普曼·利普金(1846—1876)于1864年发明。这种机械的设计思想是基于机械反演器把圆弧反演为直线。

机械反演器由两组杆组成,一组由4条长度相同的短杆构成形状可以变化的菱形;另一组由两条等长的长杆,一端连在反演中心处,另一端连在菱形的对角上。可以用几何方法说明它的工作原理。

2. 萨鲁斯直线运动机构

萨鲁斯直线运动机构由法国斯特拉斯堡大学教授比埃尔·费雷德里克·萨鲁斯于1853年发明。这种机械的设计思想是,让两组垂直的连杆结构互相约束,使连杆的公共末端在一平面内活动。

这种机械结构的优点是可以承受任意方向的干扰力而不受到破坏,因而非常坚固;可以通过增加连杆结构提高强度,节约空间,活动范围大。其缺点是耗费材料比较多,因为每个刚件都是一个需要承受扭曲的面。

如果想把这种直线运动机构中的刚件改为连杆,则每个正方形刚件应该变为一个由12条棱组成的八面体,其中每条棱都不是多余约束。

除了这两种有名的直线运动机构,著名的直线运动机构还有分别以契贝谢夫、罗伯茨命名的直线运动机构和以哈特、肯普、斯科特-拉塞尔命名的精确直线运动机构等。

任务练习

一、填空题

1. _____是指机器与机构的总称。

2. 机器的组成通常包括_____、_____、_____、_____。

3. 带传动是利用张紧在带轮上的柔性带传递_____或_____的一种机械传动方式。

4. 根据传动原理的不同,有靠带与带轮间的摩擦力传动的_____带传动,也有靠带与带轮上的齿相互_____的同步带传动。

5. 工作时V带与带轮槽两侧面接触,V带传动的摩擦力约为平带传动的_____,故能传递较大的载荷。

6. 螺旋传动机构由_____和_____以及机架组成,主要功用是将_____转变为_____,从而传递运动和动力。

二、选择题

1. 平带传动结构简单,但容易打滑,通常用于传动比为（　　）左右的传动。

  A. 3   B. 4   C. 2   D. 5

2. 摩擦型带传动虽然运转噪声低,但过载打滑、传动比不准确,滑动率在（　　）%以下。

  A. 3   B. 2   C. 5   D. 1

3. 滑动螺旋由于（　　）等缺点,远不能满足现代机械传动的要求。

  A. 摩擦力大   B. 磨损大

  C. 效率低,工作寿命短   D. 以上均是

4. 齿轮传动按其工作条件又可分为（　　）。

  A. 闭式传动   B. 开式传动

  C. 半开式传动   D. 以上均是

三、简答题

1. 蜗轮蜗杆传动的特点是什么?

2. 齿轮系的应用有哪些?

3. 螺旋传动按其用途可分为哪4类?

任务二　液压传动与气动系统简介

液压传动与气动是一门较新的技术。由于液压传动与气动具有明显的优点，因此其发展十分迅速，现已广泛用于工业、农业、国防等各个部门。当前，液压与气动技术已成为机械工业发展的一个重要方面。

任务目标

（1）了解液压传动的概念，掌握其系统其组成。
（2）理解液压传动的工作原理。
（3）了解气动的概念，掌握其系统组成。
（4）理解气动的工作原理。

任务描述

通过学习本任务能了解气动和液压系统的组成，理解其工作原理，并举例说明其工作过程。试着解说图1-1-15中液压与气动设备的工作过程。

图1-1-15　液压与气动设备

知识链接

液压传动系统与气动系统在生产生活中是比较常见的传动系统，可以帮助人们解决许多问题，减轻人们的劳动负担。

一、液压传动

液压传动是以液体（通常是油液）为工作介质，利用液体压力来实现各种机械的传动和控制的一种传动方式。它通过液压泵，将电动机的机械能转换为液体的压力能，并通过管路、控制阀等元件，经过液压缸或液压电动机将液体的压力能转换成机械能，从而驱动负载运动。

1. 液压传动的工作原理

图 1-1-16 为液压千斤顶的工作原理图。液压千斤顶主要由手动柱塞液压泵（杠杆1、活塞3、油腔4）和液压缸（活塞11、缸体12）两大部分构成。大、小活塞与缸体、泵体的接触面之间，具有良好的配合，既能保证活塞移动顺利，又能形成可靠的密封。

液压千斤顶的工作过程如下。

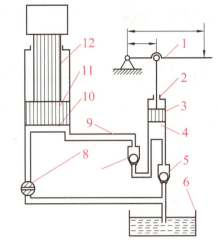

图 1-1-16 液压千斤顶的工作原理图
1—杠杆；2—泵体；3、11—活塞；
4、10—油腔；5、7—单向阀；6—油箱；
8—截止阀；9—油管；12—缸体

工作时，提起杠杆1，活塞3上升，泵体2下腔的工作容积增大，形成局部真空，于是油箱6中的油液在大气压力的作用下，推开单向阀5进入油腔4的下腔（此时单向阀7关闭）；当压下杠杆时，活塞下降，油腔下腔的容积缩小，油液的压力升高，打开单向阀7（此时单向阀5关闭），油腔下腔的油液进入油腔10的下腔（此时截止阀8关闭），使活塞11向上运动，将重物顶起一段距离。如此反复提、压杠杆，就可以使重物不断上升，达到顶起重物的目的。工作完毕，打开截止阀，使油腔下腔的油液通过管路直接流回油箱，活塞在外力和自重的作用下实现回程。

提、压杠杆的速度越快，单位时间内压入缸体油腔的油液也就越多，重物上升的速度就越快；重物越重，下压杠杆的力就越大。

液压千斤顶是一个简单的液压传动装置，从其工作过程可以看出，液压传动的工作原理是以油液作为工作介质，通过密封容积的变化来传递运动，通过油液内部的压力来传递动力。

2. 液压系统的组成

一个完整的、能够正常工作的液压系统，应该由以下5个主要部件组成。

（1）动力元件：供给液压系统压力油，把原动机的机械能转化成液压能，常见的是液压泵。

（2）执行元件：把液压能转换为机械能的装置，其形式有做直线运动的液压缸，也有做旋转运动的液压电动机。

（3）控制调节元件：完成对液压系统中工作液体的压力、流量和流动方向的控制和调节；这类元件主要包括各种液压阀，如溢流阀、节流阀以及换向阀等。

（4）辅助元件：指油箱、蓄能器、油管、管接头、滤油器、压力表以及流量计等。这些元件分别起散热储油、蓄能、输油、连接、过滤、测量压力和测量流量等作用，以保证系统正常工作，是液压传动系统不可缺少的组成部分。

（5）工作介质：在液压传动及控制中起传递运动、动力及信号的作用，包括液压油或其他合成液体。

3. 液压传动的特点

液压传动的优点如下。

（1）液压传动的各种元件，可根据需要进行方便、灵活地布置；

（2）质量轻，体积小，传动惯性小，反应速度快；

（3）操纵控制方便，可实现大范围的无级调速（调速比可达 2 000）；

（4）能比较方便地实现系统的自动过载保护；

（5）一般采用矿物油为工作介质，完成相对运动部件润滑，能延长零部件使用寿命；

（6）很容易实现工作机构的直线运动或旋转运动；

（7）当采用电液联合控制后，容易实现机器的自动化控制，可实现更高程度的自动控制和遥控。

液压传动的主要缺点如下。

（1）由于液体流动的阻力损失和泄漏较大，因此效率较低；如果处理不当，泄漏不仅污染场地，而且还可能引起火灾和爆炸事故。

（2）工作性能易受温度变化的影响，因此不宜在很高或很低的温度条件下工作。

（3）液压元件的制造精度要求很高，因而价格较贵。

（4）由于液体介质的泄露及可压缩性，因此不能得到严格的定比传动。

（5）出故障时不易找出原因，要求具有较高的使用和维护技术水平。

二、气动传动

气动（气压传动）系统是一种能量转换系统，其工作原理是将原动机输出的机械能转变为空气的压力能，利用管路、各种控制阀及辅助元件将压力能传送到执行元件，再转换成机械能，从而完成直线运动或回转运动，并对外做功。气动系统的基本构成如图 1-1-17 所示。

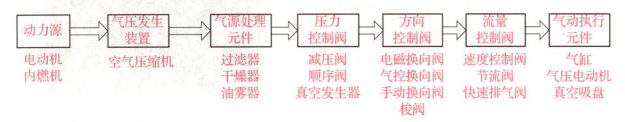

图 1-1-17　气动系统的组成

气动自动化控制技术是利用压缩空气作为传递动力或信号的工作介质，配合气动控制系统的主要气动元件，与机械、液压、电气、电子（包括 PLC 和微型计算机）等部分或全部综合构成的控制回路，使气动元件按工艺要求的工作状况，自动按设定的顺序或条件动作的一种自动化技术。用气动自动化控制技术实现生产过程自动化，是工业自动化的一种重要技术手段，也是一种低成本的自动化技术。

1. 气动自动化控制技术在工业中的应用

（1）物料输送装置：夹紧、传送、定位、定向和物料流分配。

（2）一般应用：包装、填充、测量、锁紧、轴的驱动、物料输送、零件转向及翻、零件分拣、元件堆垛、元件冲压或模压标记和门控制。

（3）物料加工：钻削、车削、铣削、锯削、磨削和光整。

2. 气动系统的工作原理

现以气动剪切机为例，介绍气动系统的工作原理。图1-1-18为气动剪切机的结构原理图和实物图，图示位置为剪切前的情况。空气压缩机1产生的压缩空气经冷却器2、分水排水罐3、储气器4、空气过滤器5、减压阀6、油雾器7到达气控换向阀，部分气体经节流通路 a 进入气控换向阀9的下腔，使上腔弹簧压缩，气控换向阀阀芯位于上端；大部分压缩空气经气控换向阀9后由 b 路进入气缸10的上腔，而气缸的下腔经 c 路、气控换向阀与大气相通，故气缸活塞处于最下端位置。当上料装置把工料11送入剪切机并到达规定位置时，工料压下行程阀8，此时气控换向阀阀芯下腔压缩空气经 d 路、行程阀排入大气，在弹簧的推动下，气控换向阀阀芯向下运动至下端；压缩空气则经气控换向阀后由 c 路进入气缸的下腔，上腔经 b 路、气控换向阀与大气相通，气缸活塞向上运动，剪刃随之上行剪断工料。工料被剪下后，即与行程阀脱开，行程阀阀芯在弹簧作用下复位，d 路堵死，气控换向阀阀芯上移，气缸活塞向下运动，又恢复到剪断前的状态。

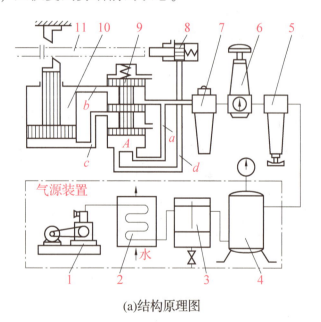

(a)结构原理图　　　　(b)实物图

图 1-1-18　气动剪切机的结构原理图和实物图

1—空气压缩机；2—冷却器；3—分水排水罐；4—储气器；5—空气过滤器；
6—减压阀；7—油雾器；8—行程阀；9—气控换向阀；10—气缸；11—工料

3. 气动系统的组成

由气动剪切机的工作原理分析可知，剪刃克服阻力剪断工料的机械能来自压缩空气的压力能，提供压缩空气的是空气压缩机；气路中的气控换向阀、行程阀起改变气体流动方向、控制气缸活塞运动方向的作用。

气压传动系统和液压传动系统类似，由以下4个部分组成。

（1）气源装置：获得压缩空气的装置。

（2）控制元件：用来控制压缩空气的压力、流量和流动方向。

（3）执行元件：将气体的压力能转换成机械能的一种能量转换装置。

（4）辅助元件：保证压缩空气的净化、元件的润滑、元件间的连接及消声等所必须的装置；它包括过滤器、油雾器、管接头及消声器等。

任务拓展

阅读材料——液压元件

1. 液压元件的分类

（1）动力元件：齿轮泵、叶片泵、柱塞泵、螺杆泵等。

（2）执行元件（液压缸）：活塞液压缸、柱塞液压缸、摆动液压缸、组合液压缸等。

（3）液压马达：齿轮式液压马达、叶片液压马达、柱塞液压马达等。

（4）控制元件（方向控制阀）：单向阀、换向阀等。

（5）压力控制阀：溢流阀、减压阀、顺序阀、压力继电器等。

（6）流量控制阀：节流阀、调速阀、分流阀等。

（7）辅助元件：蓄能器、过滤器、冷却器、加热器、油管、管接头、油箱、压力计、流量计、密封装置等。

2. 液压元件的功能

液压系统主要由动力元件（油泵）、执行元件（油缸或液压电动机）、控制元件（各种阀）、辅助元件和工作介质5个部分组成。

（1）动力元件（油泵）。它的作用是把原动机的机械能转换成液压能；是液压传动中的动力部分。

（2）执行元件（油缸、液压电动机）。它的作用是将液体的液压能转换成机械能。其中，油缸做直线运动，液压电动机做旋转运动。

（3）控制元件，包括压力阀、流量阀和方向阀等。它们的作用是根据需要无级调节液压电动机的速度，并对液压系统中工作液体的压力、流量和流向进行调节控制。

（4）辅助元件是除上述3个部分以外的其他元件，包括压力表、滤油器、蓄能器、冷却器、管件及油箱等，它们同样十分重要。其中，管件主要包括各种管接头（扩口式、焊接式、卡套式法兰）、高压球阀、快换接头、软管总成、测压接头、管夹等。

（5）工作介质是指各类液压传动中的液压油或乳化液，它经过油泵和液压电动机实现能量转换。

3. 安装液压元件的注意事项

（1）阀用连接螺钉的性能等级必须符合制造厂的要求，不得随意代换。连接螺钉应均匀拧紧（勿用锤子敲打或强行扳拧），不要拧偏，最后使阀的安装平面与底板或油路块的安装平面全部接触。

（2）应注意进油口与回油口的方位，某些阀如果将进油口与回油口装反，则会造成事故。有些阀为了安装方便，往往开有同作用的两个孔，安装后不用的一个要封堵。

（3）液压阀的安装方式应符合制造厂及系统设计图样中的规定。

（4）板式阀或插装阀必须有正确的定向措施。

（5）为了保证安全，阀的安装必须考虑重力、冲击、振动对阀内主要零件的影响。

（6）方向阀一般应保持轴线水平安装。

（7）一般需调整的阀（如流量阀、压力阀等），顺时针方向旋转时，可增加流量、压力；逆时针方向旋转时，可减少流量、压力。

任务练习

一、填空题

1. 液压传动是以_____（通常是油液）为工作介质，利用油液压力来实现各种机械的_____和_____的一种传动方式。

2. 液压传动的工作原理是以油液作为工作介质，通过_____的变化来传递运动，通过油液内部的压力来传递动力。

3. 辅助元件是指油箱、_____、油管、管接头、_____、压力表以及流量计等。

4. 用_____控制技术实现生产过程自动化，是工业自动化的一种重要技术手段，也是一种低成本的自动化技术。

5. 气动辅助元件是保证压缩空气的_____、元件的润滑、元件间的连接及_____等所必须的装置；它包括过滤器、油雾器、管接头及消声器等。

二、选择题

1. 气动自动化控制技术是利用压缩空气作为传递动力或信号的工作介质，配合气动控制系统的主要气动元件，与（　　）等部分或全部综合构成的控制回路，使气动元件按工艺要求的工作状况，自动按设定的顺序或条件动作的一种自动化技术。

　　A. 电子　　　　　　　　　　　　B. 机械、液压、电气、电子
　　C. 电气、电子　　　　　　　　　D. 以上均不是

2. 液压传动操纵控制方便，可实现大范围的无级调速，调速比可达（　　）。

　　A. 2 500　　　　B. 2 100　　　　C. 2 000　　　　D. 1 200

3. 液压辅助元件是指油箱、( )、滤油器、压力表以及流量计等。
A. 蓄能器　　　　B. 油管　　　　C. 管接头　　　　D. 以上均是

三、简答题

1. 液压传动的优点有哪些？
2. 气动自动化控制技术在工业中的应用有哪些？
3. 气压传动系统由哪 4 个部分组成？

任务三　机电一体化典型设备简介

机电一体化产品分系统（整机）和基础元部件两大类。典型的机电一体化系统有数控机床、机器人、汽车电子化产品、智能化仪器仪表、电子排版印刷系统等；典型的机电一体化基础元部件有电力电子器件及装置、可编程序控制器、模糊控制器、微型计算机、传感器、专用集成电路、伺服机构等。

任务目标

（1）掌握机电一体化产品的典型特征。
（2）了解典型机电一体化产品的发展趋势。

任务描述

通过探讨图 1-1-19 所示的典型机电产品，借助现代信息渠道收集相关资料，学习体会现代机电一体化产品的典型特征和发展趋势。

图 1-1-19　典型机电产品

知识链接

机器人是能够自动识别对象或其动作，并根据识别自动决定应采取的动作的自动化装置。它能模拟人的手、臂的部分动作，实现抓取、搬运工件或操纵工具等。它综合了精密机械技术、微电子技术、检测传感技术和自动控制技术等领域的最新成果，是具有发展前途的机电一体化典型产品。

一、机器人三要素

一般认为机器人具备的要素有思维系统（相当于脑）、工作系统（相当于手）、移动系统（相当于脚）、非接触传感器（相当于耳、鼻、目）和接触传感器（相当于皮肤），如图1-1-20所示。如果对机器人的能力评价标准与对生物能力的评价标准一样，即从智能、机能和物理能3个方面进行评价，那么机器人能力与生物能力具有一定的相似性。

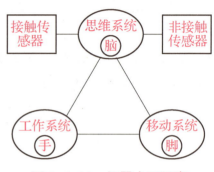

图1-1-20　机器人三要素

二、机器人的组成及基本机能

机器人一般由执行系统、驱动系统、控制系统、检测传感系统和人工智能系统等组成，各系统功能如下所述。

（1）执行系统：是完成抓取工件（或工具）所需运动的机械部件，包括手部、腕部、臂部、机身以及行走机构。

（2）驱动系统：用于向执行机构提供动力；随驱动目标的不同，驱动系统的传动方式有液动、气动、电动和机械式4种。

（3）控制系统：是机器人的指挥中心，它控制机器人按规定的程序运动；控制系统可记忆各种指令信息，如动作顺序、运动轨迹、运动速度及时间等，同时按指令信息向各执行元件发出指令；必要时还可对机器人动作进行监视，当动作有误或发生故障时即发出警报信号。

（4）检测传感系统：主要检测机器人机械系统的运动位置、状态，并随时将机械系统的实际位置反馈给控制系统与设定的位置进行比较，然后通过控制系统进行调整，从而使机械系统以一定的精度达到设定的位置状态。

（5）人工智能系统：主要赋予机器人自动识别、判断和适应性操作的功能。

从机器人的研究发展情况来看，它应具有运动机能、思维控制机能和检测机能3大基本机能。

三、机器人的主要技术参数

机器人的技术参数是说明机器人规格与性能的具体指标，常见有以下5种指标。

（1）握取重量（即臂力）；

（2）运动速度；

（3）自由度；

（4）定位精度；

（5）程序编制与存储容量。

四、BJDP-1 型机器人

BJDP-1 型机器人是全电动式、五自由度、具有连续轨迹控制等功能的多关节型示教再现机器人，用于高噪声、高粉尘等恶劣环境的喷砂作业。

1. 本体

该机器人的5个自由度，分别是立柱回转（L）、大臂回转（D）小臂回转（X）、腕部俯仰（W_1）和腕部转动（W_2），其机构原理如图 1-1-21 所示，机构的传动关系如图 1-1-22 所示。

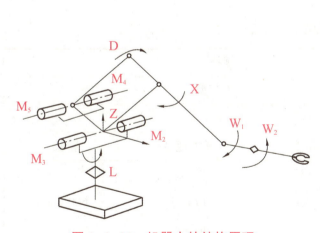

图 1-1-21　机器人的结构原理

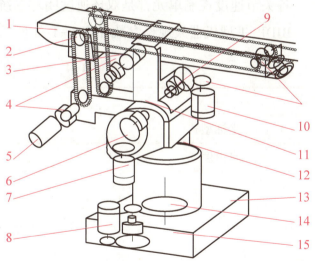

图 1-1-22　机器人机构的传动关系

1—小臂；2—链轮链条；3—腕部俯仰电动机 M_4；
4—谐波减速器 R_4、R_5；5—腕部回转电动机 M_5；
6．谐波减速器 R_3；7—大臂驱动电动机 M_3；
8—立柱驱动电动机 M_1；9—谐波减速器 R_2；
10—小臂驱动电动机 M_2；11—大臂；12—立柱；
13—机坐；14—直齿轮；15—谐波减速器 R_1

2. 控制系统

机器人控制系统（包括驱动与检测）主要由微型计算机、接口电路、速度控制单元、位置检测电路、示教盒等组成，具体作用如下。

（1）微型计算机。其作用是通过光电编码器进行机器人示教和校验，再现的控制包括示教数据编辑、坐标正逆变换、直线插补运算以及伺服系统闭环控制。

（2）接口电路。其作用是通过光电编码器进行机器人各关节坐标的模数（A/D）转换，及把计算机运算结果的数字量转换为模拟量传送给速度控制单元。

（3）速度控制单元。它是驱动机器人各关节运动的电气驱动系统。

（4）示教盒。它是人机联系的工具，主要由一些点动按键和指令键组成。通过点动按键可以对机器人关节的运动位置进行示教；通过指令键可以完成某一指定的操作，实现示教和再现的各种功能。

微型计算机控制系统的硬件 CPU 为 INTER 8086，主频 5 MHz。RAM 16 K 主要用于存储示教数据。ROM 32 K 主要用于存储计算机的监控程序和示教再现的全部控制程序。两片 8259A 中断控制器相联，共有 15 级中断，用于向计算机输入示教、校验和再现的所有控制指令。定时器 8253 用于产生计算机时钟信号，通过中断实现采样控制。A/D 转换器将机器人关节转角转换成数字量，转换器位数为 16 位，主要由光电编码器（包括方向判别、可逆计数、清零电路及计算机的接口电路）组成。

各关节速度控制单元都是双环速度闭环系统。

BJDP-1 型机器人规格参数如表 1-1-4 所示。

表 1-1-4　BJDP-1 型机器人规格参数

项目		规格		
坐标型式		多关节型		
自由度		5		
运动范围		角度	最大速度	臂长
	L	±135°	30 m/s	
	D	±35°	40 m/s	600 mm
	X		40 m/s	800 mm
	W_1	±45°	70 m/s	180 mm
	W_2	±135°	70 m/s	
可搬质量		100 kg		
重复定位精度		±0.5 mm		
本体质量		6 000 kg		
示教方式		间接示教		
示教点数		>1 000 个点		

续表

项目	规格
驱动方式	直流伺服电动机 SCR 驱动
控制方式	连续轨迹（直线插补实现）
控制轴数	五轴同步控制
存储容量	RAM 16 K、ROM 32 K
外存储器	盒式录音机
供电电源	三相 380 V、50 Hz、1.5 kW

任务拓展

阅读材料——扫地机器人

扫地机器人的机身为无线机器，以圆盘形为主。使用充电电池供电，通过遥控器或是机器上的操作面板进行操作。一般能设定时间预约打扫，可自行充电。其前方设置有感应器，可侦测障碍物。例如，碰到墙壁或其他障碍物，会自行转弯，并依不同厂商的设定而走不同的路线，有规划地清扫地区（较早期机型可能缺少部分功能）。扫地机器人因为操作简单、便利，现今已慢慢普及，成为上班族或是现代家庭的常用家电用品，如图 1-1-23 所示。

机器人科技现今越趋成熟，且每种品牌都有不同的研发方向，拥有特殊的设计，如双吸尘盖、附手持吸尘器、集尘盒可水洗及拖地功能、可放芳香剂，或是具有光触媒杀菌等功能。

图 1-1-23 扫地机器人

1. 构造

（1）本体：不同厂商的外形设计会有所不同。

（2）充电电池：一般以镍氢电池为主，部分用锂电池，但用锂电池的产品单价通常较高；不同厂商的电池充电时间与使用时间也有所差别。

（3）充电座：是能提供机器人吸尘器自行回家充电的地方。

（4）集尘盒：与一般吸尘器纸袋方式不同，都备有集尘盒可收集灰尘；大致分为两种，即中央集尘盒和置于后端集尘盒。

（5）遥控器：用于远程控制扫地机器人。

2. 分类

1）按照清洁系统分类

（1）单吸口式。

单吸口式扫地机器人设计相对简单即只有一个吸入口，其清洁功能对地面的浮灰有用，但对桌子下面久积的灰尘及静电吸附的灰尘的清洁效果不理想。

（2）中刷对夹式。

中刷对夹式扫地机器人的清扫方式为主面通过一个胶刷、一个毛刷相对旋转夹起垃圾。它对大的颗粒物及地毯清洁效果较好，但对地面微尘处理稍差，较适用于全地毯的家居环境，但对大理石地板及木地板微尘清理较差。

（3）升降V刷式。

升降V刷式扫地机器人采用升降V刷浮动清洁，可以更好地将扫刷系统贴合地面环境，相对来说对地面静电吸附灰尘清洁更加到位。

2）按照侦测系统分类

（1）红外线传感。

红外线传输距离远，但对使用环境有相当高的要求。当遇上浅色或是深色的家居物品时反射效果差，会造成机器与家居物品发生长时间碰撞，底部的家居物品会被它撞出斑斑点点。

（2）超声波仿生技术。

采用超声波仿生技术，类似鲸鱼、蝙蝠采用声波来侦测判断家居物品及空间方位，灵敏度高、技术成本高。其在航空工业上都有系统的运用。

任务练习

一、填空题

1. 机器人是能够自动识别_____或其_____，并根据识别自动决定应采取的动作的自动化装置。

2. 一般认为机器人具备的要素有_____，工作系统，_____，_____和接触传感器。

3. 机器人一般由_____、_____、_____、检测传感系统和人工智能系统等组成。

4. 控制系统是机器人的指挥中心，它控制机器人按规定的程序运动。控制系统可记忆各种指令信息，如_____、_____、_____及时间等，同时按指令信息向各执行元件发出指令。

5. 机器人执行系统是完成抓取工件（或工具）实现所需运动的机械部件，包括_____、腕部、臂部、机身以及_____。

二、选择题

1. 人工智能系统，主要赋予机器人（　　）的功能。

A. 自动识别　　　　　　　　　　B. 自动识别、判断和适应性操作

C. 判断和适应性操作　　　　　　D. 以上均不是

2. 机器人的技术参数是说明机器人规格与性能的具体指标，一般有以下几个方面：①握取重量（即臂力）；②运动速度；③自由度；④定位精度；⑤程序编制与存储容量。正确的是（　　）。

A. ①②　　　　　B. ③④　　　　　C. ①②③④⑤　　　　　D. 以上均不是

3. 机器人控制系统（包括驱动与检测）主要由（　　）、位置检测电路、示教盒等组成。

A. 微型计算机、接口电路、速度控制单元

B. 微型计算机、速度控制单元

C. 微型计算机、接口电路

D. 以上均不是

三、简答题

1. 机器人各系统功能有哪些？

2. BJDP-1型机器人本体组成有哪些？

项目二

机电设备安装调试

知识树

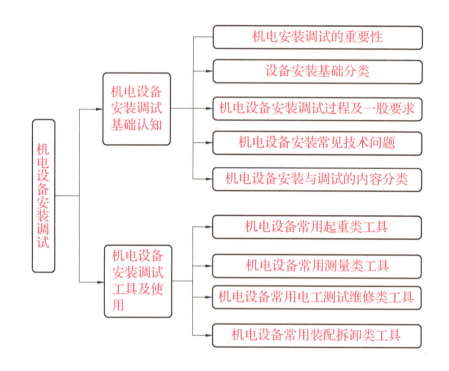

任务一 机电设备安装调试基础认知

机电设备安装非常复杂，在实际的安装调试运行过程中，常常会出现故障问题。因此，采取措施改进和完善机电设备的安装、调试质量，保证机电设备安装工程的正常运行具有重要的现实意义。

项目二　机电设备安装调试

任务目标

(1) 了解机电设备安装调试的重要性。

(2) 了解设备安装地基的分类。

(3) 掌握机电设备安装调试的过程及一般要求。

任务描述

通过对本任务的学习，了解机电设备的安装调试的过程。注意仔细观察实习车间的设备安装方法，掌握安装注意事项。典型设备安装场景如图1-2-1所示。

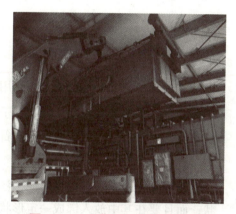

图1-2-1　典型设备安装场景

知识链接

机电设备安装调试管理是机电设备投入使用的基础管理，决定了设备的基本使用寿命，并贯穿于设备使用寿命周期的全过程。

一、机电设备安装调试的重要性

管理良好的安装调试将使设备获得坚实而稳定的良性运行条件，为企业提高经济效益打好基础；缺乏管理的安装调试，将无法获得准确的设备运行环境参数，无法使设备进入良性运行状态，必将造成设备的各种隐患，导致设备使用寿命的减少，造成资源浪费。因此，采用各种技术措施，科学合理地进行安装调试，实现安全生产，提高企业经营管理的经济效益，是建立机电设备安装调试管理体系的根本所在。机电设备不仅体积庞大、配套机组和附属设备多，而且技术密集、安装调试也较复杂。因此，作为使用单位，只有建立科学合理的机电设备安装调试管理体系，使有关人员充分了解设备安装调试的管理程序与方法，才能正确地组织人力、有效地利用物力，成功地完成机电设备的安装调试工作，为企业带来长期稳定的经济效益。

二、设备安装基础分类

机电设备安装后，其全部载荷由地层承担，承受机电设备全部载荷的那部分天然的或部分经过人工改造的地层称为地基。在绝大多数情况下，设备和地基之间要安装强度高的过渡体，过渡体的平面尺寸不得小于机电设备支撑面的外轮廓尺寸，以减小机电设备对地基的负荷压强。这种位于设备和地基之间能起到减小压强作用的过渡体称为安装基础，典型安装基础如图1-2-2所示，具体分类如表1-2-1所示。

图1-2-2　典型安装基础

表1-2-1　设备安装基础分类

分类标准	安装基础名称	作用
根据安装基础用料分类	素混凝土基础	素混凝土基础是将水泥、沙和石子按一定配比浇灌成一定形状的安装基础，主要用于中型普通机电设备，如金属切削机床等，一个安装基础可支撑一台或多台设备
	钢筋混凝土基础	钢筋混凝土基础不仅要将水泥、沙和石子按一定配比浇灌成一定形状，而且要在其中放入绑成一定形状的钢筋骨架和钢筋网，以加强安装基础的强度和刚度，主要用于大型、重型、超重型和受力比较大的机电设备
根据安装基础所承受负荷的性质分类	静载荷基础	静载荷基础主要承受设备及其内部物料重力等静载荷。对于室外高大设备，还要考虑风力载荷对其产生的颠覆力矩的影响
	动载荷基础	动载荷基础不仅要承受设备及其内部物料重力等静载荷，还要承受设备在工作中产生的动载荷，如锻锤的锤击、往复式空气压缩机的风力等

三、机电设备安装调试过程及一般要求

1. 设备安装施工

按照工艺技术部门绘制的设备工艺平面布置图及安装施工图、基础图、设备轮廓尺寸以及相互间距要求等划线定位，组织基础施工及设备搬运就位。在绘制设备工艺平面布置图时，对设备定位要考虑以下因素。

（1）应适应工艺流程的需要；

(2) 应方便工件的存放、运输和现场的清理；

(3) 设备及其附属装置的外尺寸、运动部件的极限位置及安全距离；

(4) 应保证设备安装、维修、操作安全的要求；

(5) 厂房与设备工作应匹配，包括门的宽度、高度，厂房的跨度、高度等。

应按照机械设备安装验收有关规范要求，做好设备安装找平，保证安装稳固，减轻振动，避免变形，保证加工精度，防止不合理的磨损。安装前要进行技术交底，组织施工人员认真学习设备的有关技术资料，了解设备性能及安全要求和施工中应注意的事项。

2. 设备试运转

设备试运转一般可分为空转试验、负荷试验、精度试验3种。

(1) 空转试验：是为了考核设备安装精度的保持性，设备的稳固性，以及传动、操纵、控制、润滑、液压等系统是否正常、灵敏可靠，有关各项参数和性能是否能在无负荷运转状态下进行。一定时间的空负荷运转是新设备投入使用前必须进行的一个不可或缺的步骤。

(2) 负荷试验：是指试验设备在数个标准负荷工况下进行试验，在有些情况下可结合生产进行试验。在负荷试验中应按规范检查轴承的温升，考核液压系统、传动、操纵、控制、安全等装置工作是否达到出厂的标准，是否正常、安全、可靠。不同负荷状态下的试运转，也是新设备投入运行前所必须进行的工作。负荷试验进行的质量如何，对于设备使用寿命影响极大。

(3) 精度试验：一般应在负荷试验后按说明书的规定进行，既要检查设备本身的几何精度，也要检查其工作（加工产品）的精度。这项试验大多在设备投入使用两个月后进行。

3. 设备试运行后的工作

设备试运行后的工作是指断开设备的总电路和动力源，进行下列设备检查、记录工作：

(1) 磨合后对设备进行清洗、润滑、紧固，更换或检修故障零部件并进行调试，使设备进入最佳使用状态；

(2) 整理设备几何精度、加工精度的检查记录和其他机能的试验记录；

(3) 整理设备试运转中的情况（包括故障排除）记录。

四、机电设备安装常见技术问题

1. 机电设备的螺栓连接问题

螺栓、螺母连接是机电行业的一种最基本的装配，连接过紧时，螺栓在机械力与电磁力的长期作用下容易产生金属疲劳，发生剪切或螺牙滑丝等连接过松的情况，使部件之间的装配松动，引发事故。对于电气工程传导电流的螺栓、螺母的连接，不仅要注意其机械效应，更应注意其电热效应，如果压接不紧，则会使接触电阻增大，通电时产生发热导致接触面氧化，进而使电阻增大，直至严重过热，烧熔连接处，造成接地短路、断开事故。

2. 机电设备的振动问题

对于机电设备中的泵而言，壳体与转子同心度差、定子与转子相互摩擦、轴承间隙大以及转子不平衡等问题都会导致较大振动；对于电动机而言，定子与转子之间的气隙不均匀、定子与转子之间相互摩擦、转子不平衡等问题也会导致不正常的振动。在泵操作过程中因实际参数与泵所规定的额定参数相差较大，会导致泵的不稳定运行，因此操作人员应保证泵在规定的额定参数下运行。

3. 安装中超电流问题

对于泵而言，泵内异物、壳体与转子之间相互摩擦、轴承损坏等都会引起超电流问题；对于电动机而言，电源缺相、线路电阻偏高、过载电路整定偏低、功率偏小都会出现超电流问题；对于工艺操作而言，当泵实际送介质的密度或黏度远超出泵的设计能力时就可能出现超电流问题

4. 电气设备安装中的问题

（1）安装隔离开关时动、静触头的接触压力与接触面积不够或操作不当，可能导致接触面的电热氧化，使接触电阻增大，灼伤、烧蚀触头，造成事故。

（2）断路器弧触是指触头装配不正确，使触头过热、熄弧时间延长。这会导致绝缘介质分解，压力骤增，引发断路器爆炸事故。

（3）有载调压装置的调节机构装配错误，或装配时不慎掉入杂物，从而卡住机构，也将发生不同程度的事故。

五、机电设备安装与调试的内容分类

按机电设备安装与调试内容的不同，可以将其分为机械部分的装配、电气部分的安装和控制部分的调试。其中，机械部分的装配又包括液压系统和气动系统的安装与调试。

机械部分的装配是从零部件的生产完成开始的，由零部件装配成部件，再由部件装配成完整的机械设备。

电气部分的安装主要包括电气设备的固定、布线和连接等。典型电气安装场景如图1-2-3所示。

控制部分的调试主要是在机械部分和电气部分安装完成之后进行。对于传统的机电设备，主要由中间继电器等组成的逻辑电路控制，调试要保证连接电路的正确性和可靠性；而现代的机电设备主要由单片机、单板机、PLC、工控机等控制，所以主要以调试程序为主，其控制和调试方式更具灵活性。

图1-2-3　典型电气安装场景

任务拓展

阅读材料——设备本体安装基础相关知识拓宽

1. 安装基础方法的分类

1) 地脚螺栓直埋式设备基础

地脚螺栓直埋式设备基础是指施工时一次浇灌的方法。施工质量控制程序如下。

（1）校核土建图与设备底座的地脚孔的坐标位置几何尺寸，地脚螺孔是否与螺栓匹配；

（2）地脚螺栓定位尺寸、标高位置确定后，认真复查无误后进行加固，避免浇灌混凝土时移动（一次浇注法一般采用定位模板）。

优点：减少一次灌浆的时间，工期快。

缺点：施工麻烦，螺栓的坐标、标高必须定位准确。

2) 地脚螺栓预留孔设备基础

预留孔设备基础一般适用于机、泵类动力设备的安装。

优点：设备安装找正时调整范围大。

缺点：施工周期相对较长。

2. 设备基础放线

一般设备安装时，采用几何放线法。其通常是确定基础中心点，然后划出平面位置的纵、横向基准线，基准线的允许偏差应符合如下规定要求。

（1）平面位置放线要求。

①根据施工图和有关建筑物的柱轴线、边沿线或标高线划定设备安装的基准线（即平面位置纵、横向中心线和标高线基准线）。

②较长的基础可用经纬仪或吊线的方法，确定中心点，然后划出平面位置基准线（纵、横向基准线）。

③施工中基准线有可能被就位的设备覆盖，且设备就位后必须复查的，应事先引出基准线，并做好标志。

（2）根据建筑物或划定的安装基准线测定标高，用水准仪转移到设备基础的适当位置上，并划定标高基准线或埋设标高基准点。根据基准线或基准点检查设备基础的标高以及预留孔或预埋件的位置是否符合设计和相关规范的要求。

（3）若联动设备的轴心较长，放线有误差，则可架设钢丝替代设备中心基准线。

（4）相互有连接、排列或衔接关系的设备，应按设计要求划定共同的安装基准线。必要时应按设备的具体要求，埋设临时或永久的中心标板或基准放线点。埋设标板应符合下列要求：

①标板中心应尽量与中心线一致；

②标板顶端应外露4~6 mm，切勿凹入；

③埋设要用高强度水泥砂浆，最好把标板焊接在基础的钢筋上；

④待基础养护期满后，在标板上定出中心线，打上冲眼，并在冲眼周围划一圈红漆作为明显的标志。

（5）设备定位基准安装基准线的允许偏差应符合如下规定要求。

①与其他机械设备无联系的设备的平面位置和标高对安装基准线有一定的允许偏差，平面位置允许偏差为±10 mm；标高允许偏差为（−10，+20）mm。

②与其他机械设备有联系的设备的平面位置和标高对安装基准线有一定的允许偏差，平面位置允许偏差为±2 mm；标高允许偏差为±1 mm。

3. 基础的检查与验收

基础的检查与验收内容如下。

（1）核对基础几何尺寸，应符合设计文件要求；

（2）检查坐标中心线偏差，检查方法沿纵、横两个方向测量，并取其中最大值；

（3）检查预埋地脚螺栓标高、位置、方位是否正确，预留孔洞的深度、垂直度、坐标位置是否符合设计要求；

（4）块式基础几何偏差标准见 GB 50231—2009《机械设备安装工程施工及验收通用规范》中标高、预留地脚螺栓孔、预埋件等要求，框架式基础几何偏差要符合要求；

（5）设备基础实体质量的检查要求；

（6）基础表面应无蜂窝、裂纹及露筋等缺陷；

（7）用锤子敲击基础，检查密实度，不得有空洞声音；

（8）对大型设备或精度要求高的基础，有预压要求的，施工单位应提供预压记录和沉降观测点。

任务练习

一、填空题

1. 采用各种_____，科学合理地进行安装调试，实现_____，提高企业经营管理的经济效益，是建立机电设备安装调试管理体系的根本所在。

2. 机电设备安装后，其全部载荷由地层承担，承受机电设备全部载荷的那部分天然的或部分经过人工改造的地层称为_____。

3. 素混凝土基础是将_____、_____和石子按一定配比浇灌成一定形状的安装基础。

4. 静载荷基础主要承受设备及其内部物料_____等静载荷。

5. 厂房与设备工作应匹配，包括门的_____、_____，厂房的跨度、高度等。

6. 安装隔离开关时动、静触头的_____与_____不够或操作不当，可能导致接触面的电热氧化，使接触电阻增大，灼伤、烧蚀触头，造成事故。

二、选择题

1. 现代的机电设备主要由（　　）等控制，所以主要以调试程序为主，其控制和调试方式也更具灵活性。

  A. 单片机、单板机　　　　　　　　B. PLC
  C. 工控机　　　　　　　　　　　　D. 以上均是

2. 设备试运转一般可分为（　　）3种。

  A. 负荷试验、精度试验　　　　　　B. 空转试验、负荷试验
  C. 空转试验、负荷试验、精度试验　D. 以上均不是

3. 钢筋混凝土基础主要用于（　　）和受力比较大的机电设备。

  A. 大型、重型、超重型　　　　　　B. 大型、重型
  C. 重型、超重型　　　　　　　　　D. 以上均不是

三、简答题

1. 机电设备定位要考虑哪些因素？
2. 设备试运行后的工作有哪些？
3. 电气设备安装中的常见问题有哪些？

任务二　机电设备安装调试工具及使用

机电设备在安装调试过程中要使用大量工具，操作时使用合适的工具可以大大提升工作效率、质量。工具是高效、高质完成工作的重要保障。

任务目标

（1）了解常见机电设备安装调试工具的类型和特点。
（2）掌握常见安装工具的使用方法。
（3）掌握合理选择工具的方法。

任务描述

本任务主要介绍设备安装调试过程中常用的工具设备，如撬杠、滚筒、千斤顶、手动液

压铲车等。常用工具如图 1-2-4 所示。

图 1-2-4　常用工具

一、机电设备常用起重类工具

1. 撬杠和滚筒

撬杠如图 1-2-5 所示，它是利用杠杆原理来移动物体的，其支点越靠近物体越省力。为了保证在使用过程中，其支点不发生变形，一般选用硬木做支点。如果支点下的地面比较软，则可以在硬木下垫一块钢板，使支撑面变大而且有足够的强度和刚度；除此以外，撬杠伸到物体下的长度不能太长。

使用撬杠应该注意以两个方面：

（1）用手压住撬杠，撬杠头必须放置在身体侧面，不能骑在撬杠上或者使撬杠头指向身体，严禁把撬杠夹在腋下或用脚踩压。

图 1-2-5　撬杠

（2）在撬起物体后，边撬边垫实，不能一次性撬得太高；撬起一面垫好后，再撬另一面。操作时物体附近尽量不要有人，垫物者不得将手伸入被撬物之下。

滚筒多用于短距离搬运机电设备。搬运时经常在底平面较小的设备底座下垫一块板，在垫板下再放置滚筒（底平面较大的设备不用放垫板），再用撬杠撬动设备使滚筒移动，达到移动设备的目的。经常用厚壁钢管做滚筒，将滑动摩擦变成滚动摩擦。滚筒必须大小一致，长短适合，光滑平直，没有弯曲或压扁的现象。移动中需要增加滚筒时，必须停止移动；调整滚筒的方向时，要采用锤击，不得用手去调整；拿取滚筒时，四指伸进筒内，拇指压在上方，以防压伤手。

2. 千斤顶

千斤顶是一种用较小的力使重物升高或者降低的起重机械，分为齿条千斤顶、螺旋（机械）千斤顶和液压（油压）千斤顶 3 种。

（1）齿条千斤顶如图 1-2-6 所示，由人力通过杠杆和齿轮带动齿条顶举重物。其起重量一般不超过 20 t，可长期支持重物，主要用在作业条件不方便或需要利用下部的托爪提升重物的场合，如铁路起轨作业。

(2)螺旋千斤顶如图1-2-7所示,由人力通过螺旋副传动,螺杆或螺母套筒作为顶举件顶举重物。普通螺旋千斤顶靠螺纹自锁作用支持重物,构造简单,但传动效率低,返程慢。自降螺旋千斤顶的螺纹无自锁作用,但装有制动器。放松制动器,重物即可自行快速下降,缩短返程时间,但这种千斤顶构造较复杂。螺旋千斤顶能长期支持重物,最大起重量已达100 t,应用较广。

图1-2-6 齿条千斤顶

图1-2-7 螺旋千斤顶

(3)液压千斤顶:由人力或电力驱动液压泵,通过液压系统传动,用缸体或活塞作为顶举件顶举重物。图1-2-8为手动式液压千斤顶。液压千斤顶可分为整体式和分离式。液压千斤顶结构紧凑,能平稳顶升重物,起重量达1 000 t,行程1 m,传动效率较高,故应用较广;但易漏油,不宜长期支持重物。螺旋千斤顶和液压千斤顶为进一步降低外形高度或增大顶举距离,可做成多级伸缩式。液压千斤顶除上述基本型式外,按同样的原理可改装成液压升降台(见图1-2-9)、张拉机等,用于各种特殊施工场合。

图1-2-8 手动式液压千斤顶

图1-2-9 液压升降台

3. 葫芦

手动葫芦是一种使用简单、携带方便的手动起重机械,也称为环链葫芦、倒链,如图1-2-10所示,适用于小型设备和货物的短距离吊运,起重量一般不超过10 t。

电动葫芦经常与吊臂连接使用,形成摇臂吊,如图1-2-11所示。

图1-2-10 手动葫芦

图1-2-11 摇臂吊

4. 桥式起重机

桥式起重机如图 1-2-12 所示，横架安装于车间、仓库和料场上空进行物料吊运。由于其两端坐落在高大的水泥柱或者金属支架上，形状似桥而得名。它能在空间吊运，不受地面设备的阻碍，是使用范围最广、数量最多的一种起重机械。

5. 叉车

叉车主要由发动机、底盘、车体、起升机构、液压系统及电气设备等组成，如图 1-2-13 所示。

图 1-2-12　桥式起重机

图 1-2-13　叉车

二、机电设备常用测量类工具

在机电设备安装调试与故障维修中，必须掌握常用测量工具，如尺寸测量工具、电工测试工具等的使用方法。

1. 塞尺

塞尺用于测量间隙尺寸，如图 1-2-14 所示。塞尺一般用不锈钢制造，最薄的为 0.02 mm，最厚的为 3 mm。自 0.02～0.1 mm 间，各钢片厚度级差为 0.01 mm；自 0.1～1 mm 间，各钢片厚度级差一般为 0.05 mm；自 1 mm 以上，各钢片厚度级差为 1 mm。除了公制以外，也有英制的塞尺。

塞尺的使用方法如下。

（1）用干净的布将塞尺测量表面擦拭干净，不能在塞尺沾有油污或金属屑末的情况下进行测量，否则将影响测量结果的准确性。

（2）将塞尺插入被测间隙中，来回拉动塞尺，若感到稍有阻力，则说明该间隙值接近塞尺上所标出的数值；若拉动时阻力过大或过小，则说明该间隙值小于或大于塞尺上所标出的数值。

图 1-2-14　塞尺

（3）进行间隙的测量和调整时，先选择符合间隙规定的塞尺插入被测间隙中，然后一边调整，一边拉动塞尺，直到感觉稍有阻力时拧紧锁紧螺母，此时塞尺上所标出的数值即为被测间隙值。

2. 水平仪

水平仪是测量角度变化的常用量具，主要用于检验工件平面的平直度、机械相互位置的平行度和设备安装的相对水平位置等，也可以测量零件的微小倾角。常用的水平仪有条式水平仪、框式水平仪、光学合像水平仪等，如图1-2-15所示。水平仪是机床制造、安装和修理中最基本的一种检验工具，是以水准器作为测量和读数元件的一种量具。水准器是一个密封的玻璃管，其内表面的纵断面为具有一定曲率半径的圆弧面。水准器的玻璃管内装有黏度系数较小的液体，如酒精、乙醚及其混合体等，没有液体的部分通常称为水准气泡。水准器的玻璃管内表面纵断面的曲率半径与分度值之间存在着一定的关系，根据这一关系即可测出被测平面的倾斜度。

(a)条式水平仪　　(b)框式水平仪　　(c)光学合像水平仪

图1-2-15　几种不同的水平仪

3. 指示表

指示表是一种精度较高的比较量具，如图1-2-16所示。它只能测出相对数值，不能测出绝对值，主要用于检测工件的形状和位置误差（如圆度、平面度、垂直度、跳动等），也可用于校正零件的安装位置以及测量零件的内径等。

(a)指针式指示表　　(b)数字式指示表　　(c)安装在磁性表架上的指示表

图1-2-16　几种不同的指示表

指示表的工作原理是将被测尺寸引起的测杆微小的直线移动，通过齿轮传动放大，使指针在刻度盘上转动，从而读出被测尺寸的大小。指示表是利用齿条齿轮或杠杆齿轮传动，将测杆的直线位移变为指针的角位移的计量器具。

指示表的读数方法是先读小指针转过的刻度线（即毫米整数），再读大指针转过的刻度线（即小数部分），并乘以0.01，然后两者相加，即得到所测量的数值。

目前，利用指示表来测量机械形位误差有一种非常简单且高效率的方法，就是可以直接利用我们的数据分析仪连接指示表来测量，无须人工读数、数据分析仪可对指示表数据进行采集及数据分析,并计算出测量结果,大大提高了测量效率。

使用指示表的注意事项如下。

(1) 使用前,应检查测杆活动的灵活性:轻轻推动测杆时,测杆在套筒内的移动要灵活,没有任何轧卡现象,每次松开手后,指针能回到原来的刻度位置。

(2) 使用时,必须把指示表固定在可靠的夹持架上。切不可随便夹在不稳固的地方,否则容易造成测量结果不准确或摔坏指示表。

(3) 测量时,不要使测杆的行程超过它的测量范围,不要使表头突然撞到工件上,也不要用指示表测量表面粗糙度或有显著凹凸不平的工件。

(4) 测量平面时,指示表的测杆要与平面垂直,测量圆柱形工件时,测杆要与工件的中心线垂直;否则,将使测杆活动不灵或测量结果不准确。

(5) 为方便读数,在测量前一般都让大指针指到刻度盘的零位。

指示表维护与保养注意事项如下。

(1) 远离液体,不使冷却液、切削液、水或油与内径表接触。

(2) 在不使用时,要摘下指示表,使表解除其所有负荷,让测杆处于自由状态。

(3) 成套保存于盒内,避免丢失与混用。

4. 千分表

千分表跟指示表一样,都是属于长度测量工具,不过它的精度要比指示表高,其精度可达到 0.001 mm,目前已经被广泛应用于测量工件的几何形状误差及位置误差等。

千分表的使用方法如下。

(1) 将表固定在表座或表架上,可使其稳定可靠。装夹指示表时,夹紧力不能过大,以免套筒变形卡住测杆。

(2) 调整表的测杆轴线使之垂直于被测平面(对圆柱形工件,测杆的轴线要垂直于工件的轴线),否则会产生很大的误差并损坏指示表。

(3) 测量前调零位。绝对测量用平板做零位基准,比较测量用对比物(量块)做零位基准。调零位时,先使测头与基准面接触,压测头使大指针旋转大于一圈,转动刻度盘使零线与大指针对齐,然后把测杆上端提起 1~2 mm 再放手使其落下,反复 2~3 次后检查指针是否仍与零线对齐,如果不齐则重调。

(4) 测量时,用手轻轻抬起测杆,将工件放入测头下测量,不可把工件强行推入测头下。显著凹凸的工件不能用千分表测量。

(5) 不要使测杆突然撞落到工件上,也不可强烈震动、敲打指示表。

(6) 测量时注意表的测量范围,不要使测头位移超出量程,以免过度伸长弹簧,损坏千分表。

(7) 不要使测头跟测杆做过多无效的运动,否则会加快零件磨损,使表失去应有精度。

(8) 当测杆移动发生阻滞时,不可强力推压测头,须送计量室处理。

三、机电设备常用电工测试维修类工具

1. 万用表

万用表可以用来测量被测物体的电阻,交直流电压,还可以测量晶体管的主要参数以及电容的电容量等。熟练使用万用表是机电设备安装调试的最基本技能之一。

常见的万用表有指针式万用表和数字式万用表,如图1-2-17所示。指针式万用表是以表头为核心部件的多功能测量仪表,测量值由表头指针指示读取;数字式万用表的测量值由液晶显示屏直接以数字的形式显示,读取方便,有些还带有语音提示功能。万用表是共用一个表头,集电压表、电流表和欧姆表于一体的仪表,由表头、测量电路、表笔及转换开关4个主要部分组成。如图1-2-18所示,表笔分为红、黑两只。使用时应将红色表笔插入标有"+"号的插孔,黑色表笔插入标有"-"号的插孔。万用表的转换开关是一个多挡位的旋转开关,用来选择测量项目和量程。

(a)指针式万用表　(b)数字式万用表

图1-2-17　万用表　　　　　　图1-2-18　表笔

数字式万用表采用先进的数显技术,显示清晰直观、读数准确。它既能保证读数的客观性,又符合人们的读数习惯,缩短读数和记录时间。这些优点是传统的指针式(即模拟式)万用表所不具备的。

使用万用表的注意事项如下。

(1) 在使用指针式万用表之前,应先进行"机械调零",即在没有被测电量时,使万用表指针指在零电压或零电流的位置上。

(2) 在使用万用表的过程中,不能用手去接触表笔的金属部分,一方面可以保证测量的准确性,另一方面也可以保证人身安全。

(3) 在测量某一电量时,不能在测量的同时换挡,尤其是在测量高电压或大电流时,更应注意;否则,会使万用表毁坏。如需换挡,则应先断开表笔,换挡后再进行测量。

(4) 万用表在使用时,必须水平放置,以免造成误差。同时,要避免外界磁场对万用表的影响。

(5) 万用表使用完毕,应将转换开关置于交流电压的最大挡。如果长期不使用,还应将万用表内部的电池取出来,以免电池腐蚀表内其他器件。

2. 试电笔

试电笔也叫测电笔，简称"电笔"，是一种电工工具，用来测试导线中是否带电。测电笔的笔体中有一氖泡，测试时如果氖泡发光，则说明导线有电或为通路的火线。试电笔中笔尖、笔尾由金属材料制成，笔杆由绝缘材料制成。使用试电笔时，一定要用手触及试电笔尾端的金属部分；否则，因带电体、试电笔、人体与大地没有形成回路，试电笔中的氖泡不会发光，从而造成误判。

四、机电设备常用装配拆卸类工具

机电设备的安装工具很多，一般有手动工具、电动工具、气动工具及液压类工具。下面主要介绍前两种安装工具。

1. 手动工具

1）螺钉旋具

如图1-2-19所示，螺钉旋具是一种用来拧转螺钉以迫使其就位的工具，主要有一字（负号）和十字（正号）两种。常见的还有六角螺丝刀，包括内六角和外六角两种。

2）常用扳手

扳手用来拧紧或者松开六角形、正方形螺钉和各种螺母。

（1）通用活扳手（简称活扳手），如图1-2-20所示。活扳手利用头部中的蜗杆把活动钳口移动到不同位置，以调节开口宽度适应工件多种规格的需要。蜗杆用销子固定在扳体中，只能旋动不能移动，并与活动钳口的螺纹良好啮合。扳体的柄部末端制有圆孔，供悬挂所用。

图1-2-19 螺钉旋具

图1-2-20 活扳手

使用时，将钳口调节到比螺母稍大些，用右手握手柄，再用右手指旋动蜗轮使扳口紧压螺母。扳动大螺母时，因为力矩较大，故手应握在手柄的尾处；扳动较小螺母时，需用力矩不大，但螺母过小易打滑，故手应握在靠近头部的地方。可随时调节蜗轮，收紧活动扳口，防止打滑。

使用时要注意：严禁带电操作；应随时调节扳口，把工件的两侧面夹牢，以免螺母脱角打滑，不得用力过猛；活扳手不可反用，以免损坏活动扳口；不可用钢管接长手柄来施加较大扳拧力矩；不得当作撬棍和锤子使用。

（2）专用扳手：只能扳动一种规格的螺母或螺钉。

呆扳手，如图1-2-21所示，一端或两端制有固定尺寸的开口，用以拧转一定尺寸规格的螺母或螺栓。

梅花扳手，如图1-2-22所示，两端具有带六角孔或十二角孔的工作端，适用于工作空间狭小，不能使用普通扳手的场合。

两用扳手，如图1-2-23所示，一端与单头呆扳手相同，另一端与梅花扳手相同，两端拧转相同规格的螺母或螺栓。

图1-2-21　呆扳手　　　　图1-2-22　梅花扳手　　　　图1-2-23　两用扳手

套筒扳手，如图1-2-24所示。它由多个带六角孔或十二角孔的套筒以及手柄、接杆等多种附件组成，特别适用于拧转空间十分狭小或凹陷很深处的螺母或螺栓。

图1-2-24　成套的套筒扳手

钩扳手，又称月牙形扳手，用于拧转厚度受限制的扁螺母等；专用于拆装车辆、机械设备上的圆螺母。其卡槽分为长方形卡槽和圆形卡槽，形状如图1-2-25所示。

内六角扳手，成L形的六角棒状扳手，专用于拧转内六角螺钉。内六角扳手的型号是按照六方的对边尺寸来分的，螺栓的尺寸有国家标准。内六角扳手如图1-2-26所示。

图1-2-25　钩扳手　　　　图1-2-26　内六角扳手

（3）扭力扳手：在拧转螺母或螺栓时，能显示出所施加的扭矩；或者当施加的扭矩到达规定值后，会发出光或声响信号。扭力扳手适用于对扭矩大小有明确规定的安装。

3）钳子

钳子是一种用于夹持、固定加工工件或者扭转、弯曲、剪断金属丝线的手动工具。钳子的外形呈V形，通常包括手柄、钳腮和钳嘴3个部分。钳子的种类繁多，具体有尖嘴钳、斜嘴钳、钢丝钳、弯嘴钳、扁嘴钳、断线钳、管子钳、打孔钳等。下面介绍几种常见的钳子。

（1）钢丝钳，是一种夹钳和剪切工具，如图1-2-27所示。钢丝钳由钳头和钳柄组成，钳头包括钳口、齿口、刀口和铡口。钢丝钳的各部位的作用是，齿口可用来紧固或拧松螺母；

刀口可用来剖切软导线的橡皮或塑料绝缘层，也可用来剪切导线、铁钢丝、钳丝；铡口可以用来切断导线、钢丝等较硬的金属线；钳柄的绝缘塑料管耐压 500 V 以上，可以带电剪切导线。需要注意的是，使用钢丝钳过程中，切忌乱扔。

（2）尖嘴钳，又叫修口钳，由尖头、刀口和钳柄组成，如图 1-2-28 所示，主要用来剪切线径较细的单股与多股导线，以及给单股导线接头弯圈、剥塑料绝缘层等，是电工（尤其是内线电工）常用的工具之一。电工用尖嘴钳的钳柄上套有额定电压为 500 V 的绝缘套管。尖嘴钳由于头部较尖，因此可用于狭小空间中。使用尖嘴钳弯导线接头的方法是先将线头向左折，然后紧靠螺杆顺时针方向向右弯即可。

（3）剥线钳是内线电工，电动机修理、仪器仪表电工常用的工具之一，由刀口、压线口和钳柄组成，钳柄上套有额定电压为 500 V 的绝缘套管，如图 1-2-29 所示。剥线钳适用于塑料、橡胶绝缘电线、电缆芯线的剥皮。

图 1-2-27　钢丝钳

图 1-2-28　尖嘴钳

图 1-2-29　剥线钳

2．电动工具

1）电钻

电钻是利用电力进行钻孔的工具，是电动工具中的常规产品，也是需求量最大的电动工具。电钻可分为 3 类：手电钻、冲击钻、锤钻。

（1）手电钻：功率最小，使用范围仅限于钻木和作为电动改锥使用，如图 1-2-30 所示。部分手电钻可以根据用途改成专门工具，其用途及型号较多。

（2）冲击钻：冲击机构有犬牙式和滚珠式两种。滚珠式冲击钻由动盘、定盘、钢球等组成。动盘通过螺纹与主轴相连，并带有 12 个钢球；定盘利用销钉固定在机壳上，并带有 4 个钢球，在推力作用下，动盘的 12 个钢球沿 4 个钢球滚动，使硬质合金钻头产生旋转冲击运动，能在砖、砌块、混凝土等脆性材料上钻孔。如果脱开销钉，使定盘随动盘一起转动，则不产生冲击，可作普通电钻用。冲击钻如图 1-2-31 所示。

图 1-2-30　手电钻

图 1-2-31　冲击钻

（3）锤钻（电锤）：可在大部分常见材料上钻洞，使用范围最广。

使用电钻钻孔时，不同的钻孔直径应该尽可能选用相应规格的电钻，以充分发挥各种规格电钻的钻削性能及结构特点，达到良好的切削效率。用小规格电钻钻大孔会造成灼伤钻头和电钻过热，甚至烧毁钻头和电钻；用大规格电钻钻小孔会造成钻孔效率低，且增加劳动强度。

使用电钻时，钻头必须锋利。钻孔过程中当转速突然下降时，应立即降低压力；当钻孔时突然制动，必须立即切断电源；当孔即将钻通时，施加的轴向压力应适当减小。使用电钻时，轴承温升不能过高，钻孔过程中轴承和齿轮运转声音应均匀而无撞击声。当发现轴承温升过高或齿轮、轴承有异常噪声时，应立即停钻检查。如果轴承、齿轮有损坏现象，应立即换掉。

2）电动扳手

电动扳手就是以电力为动力的扳手，是一种拧紧高强度螺栓的工具，又叫高强螺栓枪，如图1-2-32所示，主要分为冲击扳手、扭剪扳手、定扭矩扳手、转角扳手、角向扳手。

图1-2-32 电动扳手

任务拓展

阅读材料——电动螺丝刀

电动螺丝刀，别名电批、电动起子，是用于拧紧和旋松螺钉的电动工具。该电动工具装有调节和限制扭矩的机构，主要用于装配线，是大部分生产企业必备的工具之一。电动螺丝刀实物如图1-2-33所示。

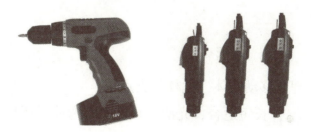

图1-2-33 电动螺丝刀实物

电动螺丝刀分为直杆式电动螺丝刀，手持式电动螺丝刀，安装式电动螺丝刀3类。

1. 电动螺丝刀的挑选

俗话说"工欲善其事，必先利其器"。小小的电动螺丝刀虽说很普通，但如何正确地选购、使用好它也有一定的学问。电动螺丝刀的挑选应注意如下6点。

（1）根据需要，区别家庭用还是专业用。大多数电动螺丝刀是针对专业人员设计的，在选购时应加以区别。通常专业用与家庭用的电动螺丝刀差别在功率上，专业用的电动螺丝刀功率较大，以方便专业人士减轻工作量；家庭用的电动螺丝刀由于工程较小，工作量也相对较小，因此功率也不需要很大。

（2）电动螺丝刀的外包装应图案清晰，没有破损，塑料盒坚固，开启塑料盒的搭扣应牢固耐用。

（3）电动螺丝刀的外观应色泽均匀，塑料件表面无明显影丝和凹痕、不应有划痕或磕碰痕迹，外壳零件之间的装配错位小于等于 0.5 mm，铝铸件涂料光滑美观无缺损，整机表面应无油污和污渍。用手握持时，开关的手柄应平整。电缆线的长度一般不应小于 2 m。

（4）电动螺丝刀的铭牌参数应与 CCC 证书上的一致。说明书上应有制造商和生产厂商的详细地址和联系方式。铭牌或合格证上应有产品可追溯的批量编号。

（5）用手握持电动螺丝刀，接通电源，频繁接通开关，使工具频繁起动，观察电动螺丝刀开关的通断功能是否可靠。同时，观察现场的电视机、日光灯是否有异常现象，以便确认电动螺丝刀是否装有有效的无线电干扰抑制器。

（6）电动螺丝刀通电运行 1 mm，运行时用手握持，应无明显任何不正常的颤动，观察换向火花，其换向火花不应超过 3/2 级，一般从电动螺丝刀的进风口处往里看，在换向器表面应无明显的弧光。运行时，应无不正常的噪声。

2. 使用注意事项

（1）在接通电源以前，应使开关定位在关闭状态，注意电源电压是否适合该机使用，当电动螺丝刀不使用或断电时应将插头拨开。

（2）使用时，不要把扭力设定过大。

（3）在更换起子头时，一定要将电源插头拔离电源插座，且关闭螺丝刀电源。

（4）使用过程中，不要丢弃或撞击此电动螺丝刀。

任务练习

一、填空题

1. 撬杠是利用杠杆原理来移动物体，撬杠的支点越_____物体越省力。
2. 滚筒必须_____，长短适合，光滑平直，没有弯曲或压扁的现象。
3. 千斤顶是一种用较小的力使重物_____或者_____的起重机械。
4. 手动葫芦是一种使用简单、携带方便的手动起重机械，也称为_____、倒链。
5. 桥式起重机，_____于车间、仓库和料场上空进行物料吊运。
6. 在机电设备安装测试与故障维修中，必须掌握常用测量工具，如_____、_____等的使用方法。

二、选择题

1. 齿条千斤顶，由人力通过杠杆和齿轮带动齿条顶举重物。其起重量一般不超过（　　），可长期支持重物。

A. 20 t　　　　B. 25 t　　　　C. 15 t　　　　D. 22 t

2. 螺旋千斤顶能长期支持重物，最大起重量已达（　　），应用较广。

A. 110 t　　　　B. 100 t　　　　C. 90 t　　　　D. 120 t

3. 叉车主要由（　　）、液压系统及电气设备等组成。

A. 发动机、底盘　　　　　　　　B. 车体、起升机构

C. 发动机、底盘、车体、起升机构　D. 以上均不是

4. 塞尺一般用不锈钢制造，最薄的为（　　）mm，最厚的为 3 mm。

A. 0.02　　　　B. 0.05　　　　C. 0.2　　　　D. 0.01

三、简答题

1. 塞尺的使用方法是什么？

2. 使用指示表的注意事项是什么？

3. 使用扳手时要注意什么？

模块二　机电设备典型机械部件装调技术

项目

综合实训装置装调技术

 知识树

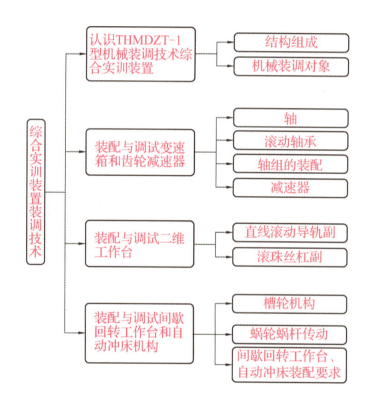

任务一　认识 THMDZT-1 型机械装调技术综合实训装置

THMDZT-1 型机械装调技术综合实训装置（以下简称 THMDZT-1）依据国家相关职业标准及行业标准，结合各职业学校、技工院校机电数控类相关专业的培养目标而研制，主要用于培养学生识读与绘制装配图和零件图、钳工基本操作、零部件和机构装配工艺与调整、装配质量检验等技能，以提高学生在机械制造企业及相关行业一线工艺装配与实施、机电设备安装调试和维护修理、机械加工质量分析与控制、基层生产管理等岗位的就业能力。

项目　综合实训装置装调技术

任务目标

（1）掌握 THMDZT-1 的结构组成及其作用。
（2）了解 THMDZT-1 的技术性能。
（3）掌握 THMDZT-1 的装调对象。

任务描述

了解 THMDZT-1 的结构组成、技术性能以及装调对象。

知识链接

THMDZT-1 的外观结构如图 2-1-1 所示。

图 2-1-1　THMDZT-1 外观结构

1—机械装调区域；2—钳工操作区域；3—电源控制箱；4—抽屉；5—万向轮；6—吊柜

一、结构组成

1. 电气控制部分

电气控制部分由电源控制箱和电源控制接口组成。

1）电源控制箱

图 2-1-2 为电源控制箱控制面板，其功能如下。

（1）电源总开关：带电流型漏电保护，控制总电源。
（2）电源指示：当接通工作电源，并且接通电源总开关时，电源指示灯亮。
（3）调速器：为交流减速电动机提供可调电源。

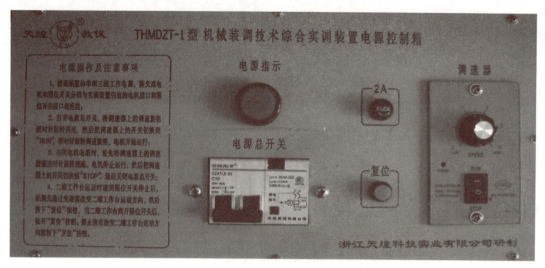

图 2-1-2　电源控制箱控制面板

（4）复位按钮：当二维工作台运动时触发限位开关停止后，由此按钮结合变速箱换挡，使其恢复正常运行。

2）电源控制接口

电源控制接口面板装在工作台后面，为电源控制箱的输入/输出接口，如图 2-1-3 所示。

图 2-1-3　电源控制接口面板

各接口功能如下。

（1）限位开关接口：接二维工作台两行程末端的限位开关。

（2）电源接口：接专用电源线，为 THMDZT-1 引入电源。

（3）电动机接口：接交流减速电动机，由调速器为其提供可调电源。

2. 机械装调区域

机械装调区域安装和调整各种机械机构，完成相关设备的装调操作。

3. 钳工操作区域

钳工操作区域主要由实木台面、橡胶垫等组成，用于钳工基本操作。

二、机械装调对象

机械装调对象的布局如图 2-1-4 所示。

图 2-1-4　机械装调对象

1—交流减速电动机；2—变速箱；3—齿轮减速器；4—二维工作台；
5—间歇回转工作台；6—自动冲床机构

1. 交流减速电动机

交流减速电动机频定功率为 90 W，减速比为 1∶25，用于为机械系统提供动力源。

2. 变速箱

变速箱具有双轴三级变速输出，其中一轴输出带正、反转功能，顶部用有机玻璃防护，主要由箱体、齿轮、外花键、间隔套、键、角接触球轴承、深沟球轴承、卡簧、端盖、手动换挡机构等组成，可完成多级变速箱的装配工艺实训，如图 2-1-5 所示。

图 2-1-5　变速箱

1—输入轴固定轴；2—固定轴二；3—滑块一；4—输出轴一；5—输出轴二；6—滑块二

3. 齿轮减速器

齿轮减速器主要由直齿圆柱齿轮、角接触球轴承、深沟球轴承、支架、轴、端盖、键等组成，可完成齿轮减速器的装配工艺实训，如图 2-1-6 所示。

4. 二维工作台

二维工作台主要由滚珠丝杆、直线导轨、台面、垫块、轴承、支座、端盖等组成，分上、下两层，上层手动控制，下层由变速箱经齿轮传动控制，实现工作台往返运行，工作台面装有行程开关，实现限位保护功能；能完成直线导轨、滚珠丝杆、二维工作台的装配工艺及精度检测实训，如图 2-1-7 所示。

图 2-1-6　齿轮减速器　　　　　　　　　图 2-1-7　二维工作台

5. 间歇回转工作台

间歇回转工作台主要由四槽槽轮机构、蜗轮蜗杆、推力球轴承、角接触球轴承、台面、支架等组成，由变速箱经链传动、齿轮传动、蜗轮蜗杆传动及四槽槽轮机构分度后，可实现间歇回转功能；能完成蜗轮蜗杆、四槽槽轮、轴承等的装配与调试实训，如图 2-1-8 所示。

6. 自动冲床机构

自动冲床机构主要由曲轴、连杆、滑块、支架、轴承等组成，与间歇回转工作台配合，实现压料功能模拟，可完成自动冲床机构的装配工艺实训，如图 2-1-9 所示。

图 2-1-8　间歇回转工作台　　　　　　　　图 2-1-9　自动冲床机构

项目　综合实训装置装调技术

任务拓展

阅读材料——THMDZT-1的外观结构和技术性能

1. 外观机构

THMDZT-1主要由实训台，动力源，机械装调对象（机械传动机构、变速箱、二维工作台、间歇回转工作台、自动冲床机构等），钳工常用工具、量具等部分组成。

2. 技术性能

（1）输入电源：单相三线 AC 220（1+10%）V，50 Hz。

（2）交流减速电动机1台：额定功率为90 W，减速比为1∶25。

（3）外形尺寸（实训台）：1 800 mm×700 mm×825 mm。

（4）安全保护：具有漏电流保护装置，安全符合国家相关标准。

任务练习

一、填空题

1. THMDZT-1电源总开关：带＿＿＿＿＿＿保护，控制总电源。

2. THMDZT-1齿轮减速器主要由＿＿＿＿＿＿、角接触球轴承、＿＿＿＿＿＿、支架、轴、端盖、键等组成

3. THMDZT-1变速箱具有＿＿＿＿＿＿变速输出，其中一轴输出带正、反转功能，顶部用有机玻璃防护。

4. THMDZT-1二维工作台主要由＿＿＿＿＿＿、＿＿＿＿＿＿、台面、垫块、＿＿＿＿＿＿、支座、端盖等组成。

5. THMDZT-1间歇回转工作台主要由＿＿＿＿＿＿、＿＿＿＿＿＿、推力球轴承、角接触球轴承、台面、支架等组成。

二、选择题

1. THMDZT-1自动冲床机构主要由（　　）、轴承等组成，与间歇回转工作台配合，实现压料功能模拟。

　　A. 曲轴、连杆　　　　　　　　B. 滑块、支架

　　C. 曲轴、连杆、滑块、支架　　D. 以上均不是

2. THMDZT-1间歇回转工作台由变速箱经链传动、（　　）分度后，实现间歇回转功能。

　　A. 齿轮传动、蜗轮蜗杆传动及四槽槽轮机构

B. 蜗轮蜗杆传动及四槽槽轮机构

C. 齿轮传动、蜗轮蜗杆传动

D. 以上均不是

3. THMDZT-1 变速箱主要由（　　）、键、角接触球轴承、深沟球轴承、卡簧、端盖、手动换挡机构等组成。

A. 箱体、齿轮　　　　　　　　B. 外花键

C. 间隔套　　　　　　　　　　D. 以上均是

三、简答题

1. THMDZT-1 的操作注意事项是什么？

2. THMDZT-1 的电气控制部分组成有哪些？

任务二　装配与调试变速箱和齿轮减速器

本任务主要学习 THMDZT-1 变速箱和齿轮减速器的装配与调试。

任务目标

（1）了解变速箱和齿轮减速器的构成。

（2）掌握变速箱箱体和齿轮减速器的装配与调试方法。

（3）能够按工艺过程装配机械设备，并达到技术要求。

（4）通过齿轮减速器设备空运转试验，培养判断分析常见故障的能力。

任务描述

根据变速箱装配图（见附图 2），使用相关工具、量具，按要求进行变速箱的组合装配与调试。

知识链接

轴是机械中的重要零件，所有旋转零部件都是靠轴来带动的，如齿轮、带轮、蜗轮、叶轮、活塞等都要装到轴上才能工作。轴、轴上零件与两端支承的组合称为轴组件。为了保证轴及其上面的零、部件能正常运转，要求轴本身具有足够的强度和刚度，并能满足一定的加

工精度要求。

一、轴

当轴的装配质量不好时，就会使设备中有关的零件磨损，同时加大动载荷，增加润滑油料的消耗，甚至损坏零、部件，造成事故，直接影响整个机器的质量。所以，轴的装配质量对确保设备正常运行有很大影响，在装配过程中对各因素都要考虑周密，并且格外细心。典型轴外观如图 2-1-10 所示。

图 2-1-10 典型轴外观

1. 轴的装配基本要求

（1）轴与配合件间的组装位置应正确，水平度、垂直度及同轴度均应合乎技术要求。

（2）轴与支撑的轴承配合应符合技术要求，旋转平稳灵活，润滑条件良好。

（3）轴上的轴承除一端轴承定位外，其余轴承沿轴向都应能有活动余地，以适应轴的伸缩性。

（4）旋转精度要求高的轴和轴承尽量采用选配法，以降低制造精度要求。

2. 轴的装配工艺

（1）修整。用条形磨石或整形锉对轮毂和轴装配部位进行棱边倒角、去毛刺、除锈、擦伤处理等修整。

（2）检查轴的同轴度、径向圆跳动等精度。在 V 形架上或车床上检查轴的精度如图 2-1-11 所示。

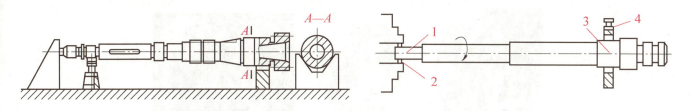

(a) 在V形架上检查　　　　　　　　　　　　(b) 在车库架上检查

图 2-1-11 轴的精度检查

1—轴径尾部；2—铜丝；3—轴颈；4—中心架

（3）用着色法修整、试装。以外花键为例。将配合轮毂固定于台虎钳上，两手将轴托起，找到一方向使轴上轮毂的修复量最小，同时在轮毂和轴上做相应标记，以免下次试装时变换方向。在轮毂的键槽上涂色，将轴用铜棒轻轻敲入，如图 2-1-12 所示。退出轴后，根据色斑分布来修整键槽的两肩，反复数次，直至轴能在轮毂中沿轴向滑动自如，无卡滞现象；此外，沿轴向转动轴时不应感到有间隙。

（4）清洗所有装配件。

（5）正式装配。如果在轮毂上装有变速用的滑块或拨叉，则要预先放置好。在装配过程中，如果阻力突然增大，则应该立即停止装配，并检查是否由下列原因造成。

①由轴与轴承内环之间的过盈配合所造成的阻力增大，属正常情况。但如果采取相关措施之后，装配还没有改善，则应检查相关零部件的加工精度。

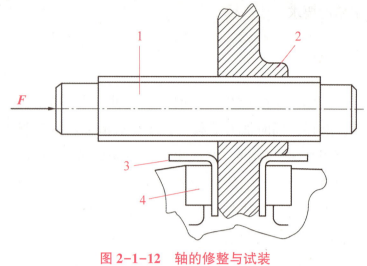

图 2-1-12　轴的修整与试装
1—外花键；2—轮毂；3—软钳口；4—台钳

②轮毂的键槽和轴上的键没对正。可用手托起轮毂，克服轮毂自重，并缓慢转动轮毂的键槽对正，然后继续装配。

③拨叉和滑块的位置不正。用手推动或转动滑块，如果滑块不能移动，则应调整滑块位置至正确；此时，扳动手柄，轮毂应滑动自如，手感受力均匀。

二、滚动轴承

工作时，有滚动体在内、外圈的滚道上进行滚动摩擦的轴承，叫滚动轴承。滚动轴承由外圈、内圈、滚动体和保持架4个部分组成。滚动轴承具有摩擦力小，工作效率高，轴向尺寸小，装拆方便等优点，广泛应用于各类机械设备。滚动轴承是由专业厂商大量生产的标准部件，其内径、外径和轴向宽度在出厂时已确定。常见滚动轴承如图2-1-13所示。

图 2-1-13　常见滚动轴承

1. 滚动轴承的装配工艺

滚动轴承的装配工艺应根据轴承的结构、尺寸大小及轴承部件的配合性质来确定。

（1）装配滚动轴承时，不得直接敲击滚动轴承内、外圈，保持架和滚动体，如图2-1-14所示；否则，会破坏滚动轴承的精度，降低滚动轴承的使

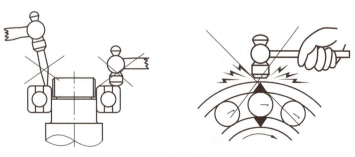

图 2-1-14　装配滚动轴承的错误操作

用寿命。

（2）装配的压力应直接加在过盈配合的套圈端面上，绝不能通过滚动体传递压力。

（3）根据轴承类型正确选择轴承内、外圈安装顺序。不可分离型滚动轴承（如深沟球轴承等）按内、外圈配合松紧程度决定其安装顺序，如表2-1-1所示。可分离型滚动轴承（如圆锥滚子轴承）因其外圈可分离，故装配时可以分别把内圈和滚动体一起装入轴上，外圈装在轴承座孔内，然后再调整它们的游隙。

表2-1-1　滚动轴承内、外圈的安装顺序

内、外圈配合松紧情况	内、外圈安装顺序	安装示意图
内圈与轴颈为配合较紧的过盈配合，外圈与轴承座孔为配合较松的过渡配合	先将滚动轴承装在轴上，然后连同轴一起装入轴承座孔中	将套筒垫在滚动轴承内圈上压装
外圈与轴承座孔为配合较紧的过盈配合，内圈与轴为配合较松的过渡配合	先将滚动轴承压入轴承座孔中，然后再装入轴	用外径略小于轴承座孔的套筒在内圈压装
滚动轴承内圈与轴颈、外圈与座孔都是过盈配合	把滚动轴承同时压在轴上和轴承座孔中	用端面具有同时压紧滚动轴承内、外圈的圆环的套筒压装

（4）滚动轴承内、外圈的压入。

①敲击压入法装配。当过盈配合量较小时，在轴颈配合面上涂上一层润滑油，然后用手锤敲击作用于轴承内圈的铜棒、套筒等，将轴承装至轴上规定的位置，此法适用于小型滚动轴承，如图2-1-15所示。

②用螺母和扳手装配。如果轴颈上有螺纹，则可以用螺母和钩头扳手装配小型滚动轴承，如图2-1-16

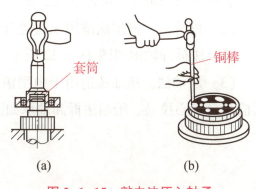

图2-1-15　敲击法压入轴承

(a) 所示。对于中等型滚动承的装配，可以用锁紧螺母和冲击扳手进行装配，如图 2-1-16(b) 所示。

(a) 用螺母和钩头扳手装配小型滚动轴承

(b) 用锁紧螺母和冲击扳手装配中型滚动轴承

图 2-1-16　用螺母和扳手装配滚动轴承

③压力机压入法装配。当过盈配合量较大时，可用压力机械压入，如图 2-1-17 所示。这种方法仅适用于装配中型滚动轴承。

④温差法装配。将滚动轴承加热，然后与常温轴配合。一般滚动轴承加热温度为 110 ℃，不能将滚动轴承加热至 125 ℃以上，更不得利用明火对滚动轴承进行加热，避免引起材料性能的变化。安装时，应戴干净的专用防护手套搬运滚动轴承。滚动轴承加热完成，应当立即将其装至轴上与轴肩可靠接触，并始终按压滚动轴承直至滚动轴承与轴颈紧密配合，以防止滚动轴承冷却时套圈与轴肩分离。

2. 滚动轴承的拆卸方法

图 2-1-17　压力机压入轴承

滚动轴承的拆卸方法与其结构有关。对于拆卸后还要重复使用的滚动轴承，拆卸时不能损坏滚动轴承的配合表面，不能将拆卸的作用力加在滚动体上，要将力作用在紧配合的套圈上。拆卸滚动轴承的方法有 4 种，即机械拆卸法、液压法、压油法、温差法。

（1）机械拆卸法。机械拆卸法适用于具有过盈配合的小型和中型滚动轴承的拆卸，拆卸工具为拉马。

①轴上滚动轴承的拆卸方法如图 2-1-18 和图 2-1-19 所示。

②孔中滚动轴承的拆卸方法如图 2-1-20 和图 2-1-21 所示。

（2）液压法。液压法适用于过盈配合的中型滚动轴承的拆卸，常用的拆卸工具为液压拉马。液压法拆卸轴承如图 2-1-22 所示。

（3）压油法。压油法适用于中型滚动轴承和大型滚动轴承的拆卸，常用的拆卸工具为油压机和自定心拉马。压油法拆卸轴承如图 2-1-23 所示。

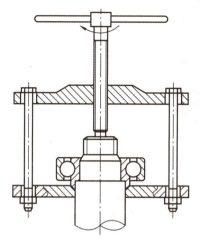

图 2-1-18　作用于轴承内圈拆卸轴承

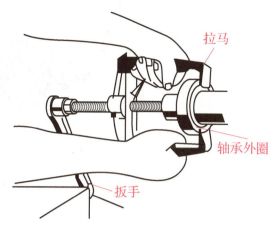

图 2-1-19　作用于轴承外圈拆卸轴承

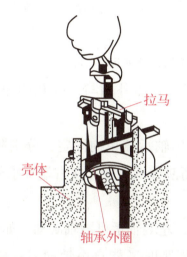

图 2-1-20　壳体孔中的轴承拆卸

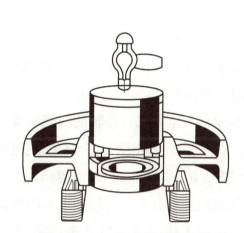

图 2-1-21　用套筒拆卸轴承

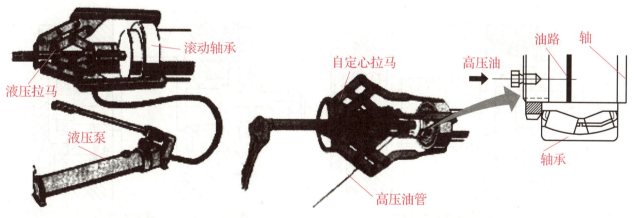

图 2-1-22　液压法拆卸轴承　　　　　图 2-1-23　压油法拆卸轴承

（4）温差法。温差法主要适用于圆柱滚子轴承内圈的拆卸，加热设备通常采用铝环。温差法拆卸轴承如图 2-1-24 所示。

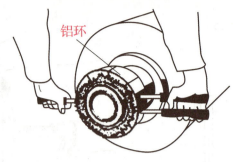

图 2-1-24　温差法拆卸轴承

三、轴组的装配

轴组装配是指将装配好的轴组件正确地安装在机器中,并保证其正常工作的装配。轴组装配主要是两端轴承固定、轴承的游隙调整、轴承预紧、轴承密封和润滑装置的装配等。

1. 轴承的固定方式

轴承工作时,既不允许有径向移动,也不允许有较大的轴向移动,且不因受热膨胀而卡死,所以要求轴承有合理的固定方式。轴承的径向固定是靠外圈与外壳孔的配合来解决的。轴承的轴向固定有如下两种基本方式。

（1）两端单向固定方式：在轴的两端的支撑点,用轴承盖单向固定,分别限制两个方向的轴向移动,如图2-1-25所示。为避免轴受热伸长而使轴承卡住,在右端轴承外圈与端盖间留有不大的间隙（0.5~1 mm）,以便游动。

（2）一端双向固定方式：右端轴承双向轴向固定,左端轴承可随轴游动,如图2-1-26所示。此固定方式在工作时不会发生轴向窜动,受热膨胀时又能自由地向另一端伸长,不致卡死。

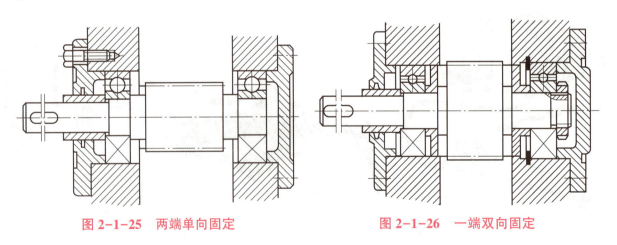

图 2-1-25　两端单向固定　　　　图 2-1-26　一端双向固定

为了防止轴承受到轴向载荷时产生轴向移动,轴承在轴上和轴承安装孔内都应有轴向紧固装置。作为固定支撑的径向轴承,其内、外圈在轴向都要固定。如果安装的是不可分离型轴承,则只需固定其中的一个套圈,游动的套圈可以不固定。

轴承内圈在轴上安装时,一般都由轴肩在一面固定轴承位置,另一面用螺母、止动垫圈和开口轴用弹性挡圈等固定。

轴承外圈在箱体孔内安装时,箱体孔一般有凸肩用于固定轴承位置,另一方向用端盖、螺母和孔用弹性挡圈等紧固。

2. 滚动轴承安装时的间隙调整

间隙调整是滚动轴承安装时一项十分重要的工作环节,滚动轴承的间隙分为轴向间隙 c 和径向间隙 e,如图 2-1-27 所示。

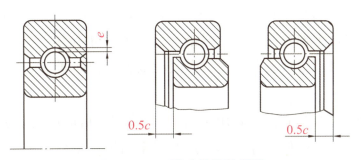

图 2-1-27 滚动轴承的间隙

滚动轴承间隙调整的常用方法有以下 3 种。

(1) 垫片调整法。轴承间隙的垫片调整法如图 2-1-28 所示,先将轴承端盖紧固螺钉缓慢拧紧,同时用手缓慢地转动轴,当感觉到轴转动阻滞时,停止拧紧紧固螺钉,此时轴承内已无间隙。用塞尺测量端盖与壳体间的间隙 δ,垫片的厚度应等于壳体间的间隙 δ 的值再加上轴承的轴向间隙 c 的值(可由轴承手册查得)。

(2) 螺钉调整法。松开调整螺钉上的锁紧螺母,然后拧紧调整螺钉,推动止推盘压紧轴承。同时,用手缓慢地转动轴,当感觉到轴转动阻滞时,停止拧紧调整螺钉;再根据轴向间隙要求,将调整螺钉回转一定的角度(轴承的轴向间隙/调整螺钉的螺距×360°),最后将锁紧螺母拧紧。轴承间隙的螺钉调整法如图 2-1-29 所示。

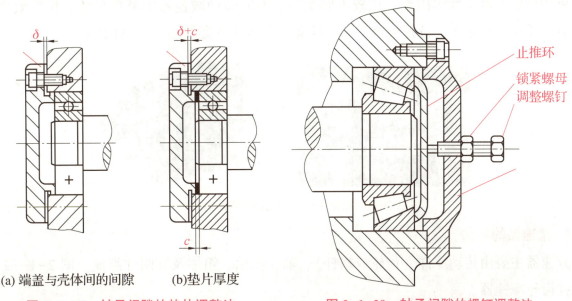

(a) 端盖与壳体间的间隙　(b) 垫片厚度

图 2-1-28 轴承间隙的垫片调整法　　图 2-1-29 轴承间隙的螺钉调整法

（3）止推环调整法。缓慢拧紧止推环（有外螺纹），同时用手缓慢地转动轴，当感觉到轴转动阻滞时，停止拧紧止推环，根据轴向间隙的要求，将止推环回转一定的角度（轴承的轴向间隙/止推环的螺距×360°），最后用止动片予以固定。轴承间隙的止推环调整法如图 2-1-30 所示。

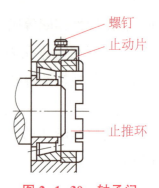

图 2-1-30　轴承间隙的止推环调整法

3. 轴承间隙调整完成后的正确性检查

（1）指示表检查法。先用力将轴向一端推紧，在其反方向的轴肩或其他物体上，垂直于轴心线安装一只指示表，然后再用力将轴向反方向推紧，此时，指示表上的读数为滚动轴承的轴向间隙数值。

（2）塞尺检查法。塞尺检查法主要用于圆锥滚子轴承轴向间隙的检查。检查时，先将轴向一端推紧，直到轴承没有任何间隙，然后用塞尺量出轴承滚柱斜面上的间隙尺寸，利用下列公式计算轴承的轴向间隙，即

$$C = \frac{a}{2\sin\beta}$$

式中：C——轴承的轴向间隙；

　　　a——用塞尺测得的斜面间隙；

　　　β——轴承外套斜面与轴中心线所成的角度。

四、减速器

减速器是原动机和工作机之间的独立的闭式传动装置，用来降低转速和增大转矩，以满足工作需要；在某些场合也用来增速，称为增速器。应根据工作机的选用条件、技术参数、原动机的性能、经济性等因素，比较不同类型、不同品种减速器的外廓尺寸、传动效率、承载能力、质量、价格等，选择最合适的减速器。典型减速器如图 2-1-31 所示。

图 2-1-31　典型减速器

1. 减速器的结构

减速器主要由传动零件（齿轮或蜗杆）、轴、轴承、箱体及其附件组成。图 2-1-32 为一级圆柱齿轮减速器。

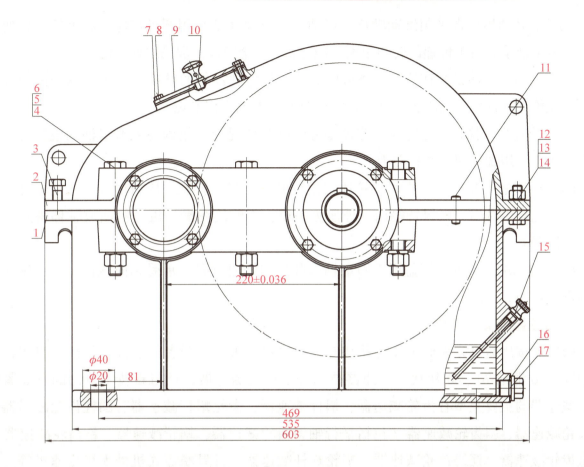

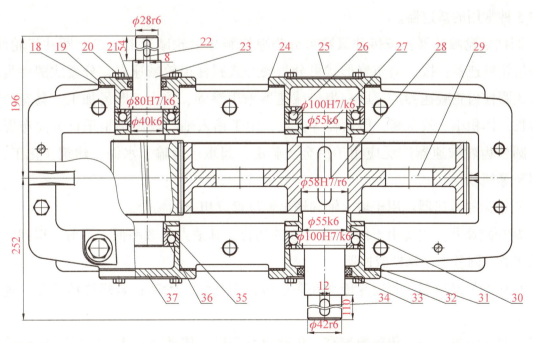

图 2-1-32 一级圆柱齿轮减速器

1—箱座；2—箱盖；3—起盖螺钉 M12×30；4—螺栓 M16；5—螺母 M16；6—弹簧垫圈（16）；7—垫片；8—螺钉；9—窥视孔盖；10—通气孔；11—销 A10×34；12—弹簧垫圈（12）；13—螺母 M2；14—螺栓 M12；15—杆式油标；16—油圈；17—油塞 M20；18—调整垫片；19—轴承透盖；20—端盖螺钉 M8×20；21—毡圈油封；22—键 8×7×45；23—输入轴；24—轴承端盖；25—端盖螺钉 M8×20；26—角接触轴承；27—输出轴；28—键 16×10×100；29—大齿轮；30—挡油环；31—调整垫片；32—轴承透盖；33—毡圈油封；34—键 12×8×100；35—挡油环；36—角接触轴承；37—轴承盖

（1）轴承。减速器中常采用滚动轴承，当轴向力很大（如采用圆锥齿轮、斜齿轮等）时，采用圆锥滚子轴承。对于传递的转矩很大的减速器（如汽车），常采用外花键。

（2）箱体。箱体是减速器的重要组成部件，是传动零件的基座，用来支撑和固定轴系零件，保证传动零件的正确啮合，使箱内零件具有良好的润滑和密封。

（3）检查孔。检查孔是为检查传动零件的啮合情况及向箱内注入润滑油而设置的。平时检查孔的盖板用螺钉固定在箱盖上。

（4）通气器。减速器工作时，箱体内温度升高，气体膨胀，压力增大；通气器可使箱内热胀空气能自由排出，以保持箱内、外压力平衡，不致使润滑油沿分箱面或轴伸密封件等其他缝隙渗漏。

（5）轴承端盖。轴承端盖用于固定轴系部件的轴向位置并承受轴向载荷，轴承座孔两端用轴承盖封闭。

2. 减速器的类型和特点

减速器按用途可分为通用减速器和专用减速器两大类，两者的设计、制造和使用特点各不相同。20 世纪 70—80 年代，减速器技术有了很大的发展，且与新技术革命的发展紧密结合。减速器的主要类型有齿轮减速器、蜗杆减速器、齿轮蜗杆减速器、圆柱齿轮减速器、圆锥齿轮减速器、斜齿轮减速器（包括平行轴斜齿轮减速器、蜗轮减速器、锥齿轮减速器等）、行星齿轮减速器、摆线针轮减速器、蜗轮蜗杆减速器、行星摩擦式机械无级变速机等。下面介绍其中 5 种常用的减速器。

（1）圆柱齿轮减速器：按传动级数可分为单级圆柱齿轮减速器、二级圆柱齿轮减速器、多级圆柱齿轮减速器；按传动布置形式可分为展开式圆柱齿轮减速器、分流式圆柱齿轮减速器、同轴式圆柱齿轮减速器等。圆柱齿轮减速器采用渗碳、淬火、磨齿加工，具有承载能力高、寿命长、体积小、效率高、质量轻等优点，用于输入轴与输出轴呈平行方向布置的传动装置中。圆柱齿轮减速器广泛应用于冶金、矿山、起重、运输、水泥、建筑、化工、纺织、印染、制药等领域。

（2）圆锥齿轮减速器：用于输入轴和输出轴位置成相交的场合。

（3）蜗杆减速器：主要用于传动比 $i>10$ 的场合，其缺点是效率低。目前，得到广泛应用的蜗杆减速器有阿基米德蜗杆减速器。

（4）齿轮蜗杆减速器：若齿轮传动在高速级，则其结构紧凑；若蜗杆传动在高速级，则其效率较高。

（5）行星齿轮减速器：传动效率高，传动比范围广，传动功率为 $12\times10^6 \sim 50\times10^6$ W，体积和质量小。

任务拓展

阅读材料——减速器的润滑与密封

1. 减速器的润滑

减速器传动零件和轴承都需要良好的润滑，其目的是减少摩擦、磨损、提高效率、防锈、冷却和散热。减速器的润滑可分为传动零部件的润滑和滚动轴承的润滑。

（1）传动零件的润滑。绝大多数减速器的传动零件的润滑方式均为浸油润滑，对于高速传动则采用压力喷油润滑，因为高速级齿轮的圆周速度较高。

箱体内应有足够的润滑油，以保证润滑及散热的需要，为了避免大齿轮回转时将油池底部的沉积物搅起，应保证大齿轮齿顶圆到油池底面的距离大于 50 mm。为保证传动零件充分润滑且避免搅油损失过大，传动零件应有合适的浸油深度，二级圆柱齿轮减速器传动零件浸油深度推荐值如下。

高速级大齿轮，约为 0.7 个齿高，但不小于 10 mm。

低速级大齿轮，约为 1 个齿高，即（1/6~1/3）个齿轮半径。

（2）滚动轴承的润滑。减速器中的滚动轴承可以采用油润滑或脂润滑。当浸油齿轮的圆周速度 $v \leq 2$ m/s 时，齿轮不能有效地把油飞溅到箱壁上，因此滚动轴承通常采用脂润滑；当浸油齿轮的圆周速度 $v > 2$ m/s 时，齿轮能将较多的油飞溅到箱壁上，此时滚动轴承通常采用油润滑，也可以采用脂润滑。

2. 减速器的密封

密封件是减速器中应用最广的零、部件之一，为防止减速器内的润滑剂泄出，以及灰尘、切削微粒及其他杂物和水分侵入，减速器中的轴承等其他传动部件、减速器箱体等都必须进行必要的密封，以保持良好的润滑条件和工作环境，使减速器达到预期的使用寿命。

（1）轴伸出端的密封。轴承的密封装置一般分为非接触式和接触式两类，因为粗羊毛毡圈适用的周速度小于等于 3 m/s，所以轴承伸出端选粗羊毛毡圈。

（2）箱体接合面的密封。箱盖与箱座的接合面通过涂密封胶和水玻璃的方法实现密封。为了提高接合面的密封性，可在箱座的接合面上开油沟，使渗入接合面之间的润滑油重新流回箱体内部。为了保证箱体座孔与轴承的配合，接合面上严禁加垫片密封。

（3）轴承靠近箱体内、外侧的密封。轴承靠近箱体内、外侧的密封作用可分为挡油环和甩油环两种。

挡油环用于脂润滑轴承的密封，作用是使轴承腔与箱体内部隔开，防止箱内的稀油飞溅到轴承腔内，使润滑脂变稀而流失。

甩油环用于润油润滑的轴承，甩油环与轴承座孔之间留有不大的间隙，其作用是防止过多的油杂质等冲刷轴承，但同时又要保证有一定的油量仍能进入轴承腔内进行润滑。

任务练习

一、填空题

1. 轴是机械中的重要零件，所有_____零、部件都是靠轴来带动，如齿轮、带轮、蜗轮、叶轮、活塞等都要装到轴上才能工作。

2. 当轴的装配质量不好时，就会使设备中有关的零件_____，同时加大动载荷，_____润滑油料的消耗，甚至损坏零、部件，造成事故，直接影响整个机器的质量。

3. 轴与配合件间的组装位置应正确，_____、_____及同轴度均应合乎技术要求。

4. 轴上的轴承除一端轴承定位外，其余轴承沿轴向都应能有活动余地，以适应轴的_____。

5. 拆卸滚动轴承的方法有4种，即_____、_____、压油法、温差法。

二、选择题

1. 一般滚动轴承加热温度为（　　）℃，不能将滚动轴承加热至125 ℃以上，更不得利用明火对滚动轴承进行加热，以免会引起材料性能的变化。

　　A. 110　　　　　　　B. 120　　　　　　　C. 115　　　　　　　D. 100

2. 为避免轴受热伸长而使轴承卡住，在右端轴承外圈与端盖间留有（　　）mm 的间隙，以便游动。

　　A. 0.5~1.2　　　　　B. 0.3~1　　　　　　C. 0.5~1　　　　　　D. 0.5~1.5

3. 行星齿轮减速器，传动效率高，传动比范围广，传动功率为（　　），体积和质量小。

　　A. $12×10^6 \sim 55×10^6$ W　　　　　　　B. $19×10^6 \sim 50×10^6$ W

　　C. $10×10^6 \sim 50×10^6$ W　　　　　　　D. $12×10^6 \sim 50×10^6$ W

三、简答题

1. 在装配过程中，如果阻力突然增大，应该立即停止装配，原因是什么？

2. 轴的装配基本要求是什么？

任务三　装配与调试二维工作台

本任务主要学习 THMDZT-1 二维工程工作台的装配与测试。

任务目标

(1) 了解二维工作台的构成。
(2) 了解滚珠丝杆常见的支撑方式。
(3) 了解角接触球轴承的常见安装方式。
(4) 掌握轴承的装配方法。
(5) 掌握二维工作台的装配与调试方法。
(6) 掌握杠杆表、游标卡尺、深度游标卡尺、塞尺和直角尺的使用方法。

任务描述

根据二维工作台装配图(见附图3),使用相关工具、量具,按照从下至上的原则进行二维工作台的装配与调试,并达到装配技术要求。

知识链接

导轨是在机床上用来支承和引导部件沿着一定的轨迹准确运动或起夹紧定位作用的轨道,例如,车床上的大拖板沿着床身上的导轨进行纵向直线运动。轨道的准确度和移动精度直接影响机械的工作质量、承载能力和使用寿命。按工作原理可将导轨分为滑动导轨和滚动导轨两大类。

一、直线滚动导轨副

直线滚动导轨副由一根导轨与一个或几个滑块构成,如图2-1-33所示。滑块内含有滚动体(滚珠或滚柱),随着滑块或导轨的移动,滚动体在滑块与导轨间循环滚动,使滑块与导轨之间的滑动摩擦变为滚动摩擦,并使滑块能够沿着导轨无间隙地做直线运行。二维工作台采用的是滚动体循环的直线滚动导轨。

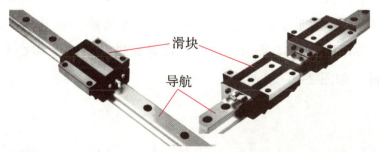

图2-1-33 直线滚动导轨副

直线滚动导轨副具有以下优点：阻力小，无间隙，无爬行；机械系统具有高的刚度，适应高速直线运动；标准化、系列化、通用化程度高，易于互换；节能环保，使用寿命长；安装、调试、维修方便；定位精度和重复定位精度高。这类导轨适用于零、部件需要精确定位的场合，在 CNC 和各类自动化装备中得到广泛使用，在高速和超高速 CNC 中其功能也能得到充分发挥。

1. 直线滚动导轨的类型和特点

直线滚动导轨的类型及特点如表 2-1-2 所示。

表 2-1-2 直线滚动导轨的类型及特点

类型	特点	应用场合	示意图
球轴承直线滚动导轨副	摩擦小、速度高、使用寿命长、运动精度较高、承载能力较大	应用于激光或水射流切割机、送料机构、打印机、测量设备、机器人、医疗器械等	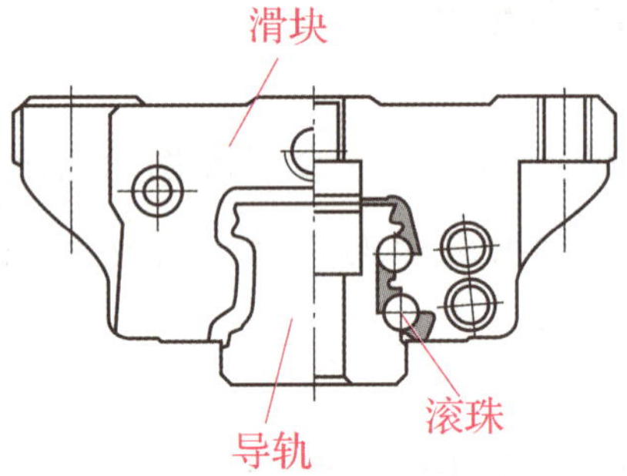 （滑块、滚珠、导轨）
滚柱轴承直线滚动导轨副	摩擦较大、速度较高；同等条件下，使用寿命比球轴承短，承载能力大，运动精度高	应用于电火花加工机床、数控机械、注塑机等	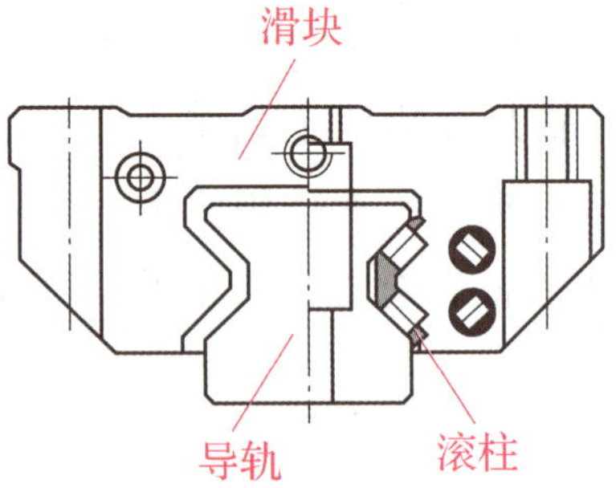 （滑块、滚柱、导轨）

2. 直线滚动导轨副的安装工艺

1）直线滚动导轨副安装注意事项

（1）导轨副要轻拿轻放，以免磕碰影响其直线精度；检查导轨是否有合格证，是否有碰伤或锈蚀，将防锈油清洗干净，清除装配表面的毛刺、撞击突起及污物等。不允许将滑块拆离导轨或超过行程又推回去。

（2）正确区分基准导轨副与非基准导轨副：基准导轨副，在其产品编号标记最后一位（右端）加有字母 J，如图 2-1-34 所示；同时，在导轨轴和滑块座实物上的同一侧面均刻有标记槽或"丁"字样，如图 2-1-35 所示。

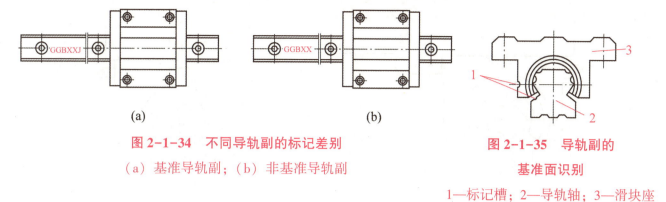

图 2-1-34 不同导轨副的标记差别

(a) 基准导轨副；(b) 非基准导轨副

图 2-1-35 导轨副的基准面识别

1—标记槽；2—导轨轴；3—滑块座

（3）找准导轨副安装时所需的基准侧面。导轨副安装时所需的基准侧面的区分，如图 2-1-36 所示。

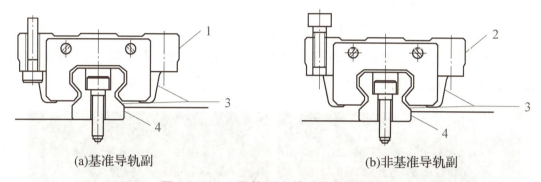

(a) 基准导轨副　　　　　　　(b) 非基准导轨副

图 2-1-36 导轨副安装时的基准侧面

1—基准侧面（磨光面）；2—基准侧面（发黑面）；3—标记槽或"丁"字样；4—基准侧面

2）安装导轨

在同一平面内平行安装两根导轨时，如果振动和冲击较大，精度要求较高，则两根导轨侧面都要定位，如图 2-1-37 所示；否则，只需一根导轨侧面定位，如图 2-1-38 所示。

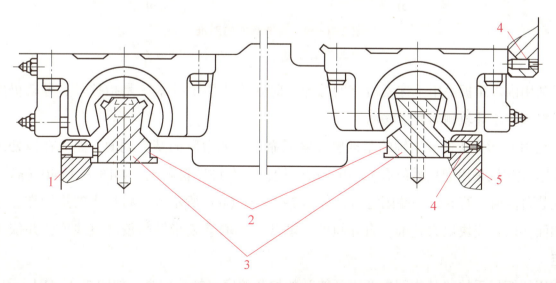

图 2-1-37 双导轨定位

1—非基准侧；2—定位面；3—导轨轴；4—紧定螺钉；5—基准侧

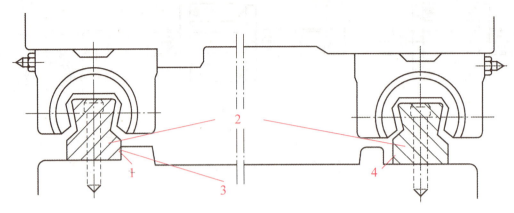

图 2-1-38 单导轨定位

1—基准侧；2—导轨轴；3—定位面；4—非基准侧

（1）双导轨侧面都定位的安装工艺。

①保持导轨、机器零件、测量工具及安装工具的干净和整洁。

②将基准导轨副的基准侧面（刻有小沟槽的一侧）与安装台阶的基准侧面相对，如图 2-1-39（a）所示；对准螺孔，然后在孔内插入螺栓，如图 2-1-39（b）所示。

图 2-1-39 基准侧面的对准

（a）测基准与台阶基基准对齐；（b）安装螺栓

③利用内六角扳手用手拧紧所有的螺栓。此处的"用手拧紧"是指拧紧后导轨仍然可以利用塑料锤轻敲导轨侧而微量移动。

④利用 U 形夹头使导轨轴的基准侧面紧紧靠贴安装台阶的基准侧面，然后在该处用固定螺栓拧紧（建议采用配攻螺纹孔），由一端开始，依次将导轨固定，如图 2-1-40（a）所示。当无安装台阶时，将导轨一端固定后，按图 2-1-40（b）所示方法将量表的指针靠在导轨的基准侧面，以直线块规为基准，自导轨的一端开始读取量表指针数校准直线度，并依次将导轨固定。

⑤用扭矩扳手按"从中间向两边延伸"的拧紧顺序将螺栓旋紧，如图 2-1-41 所示。扭矩的大小可根据螺栓的直径和等级，查阅相关手册获得。

⑥安装非基准导轨副。非基准导轨副与基准导轨副的安装次序相同，只是侧面轻轻靠上

 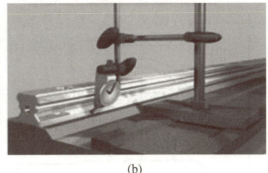

(a) (b)

图 2-1-40 导轨的固定与校准

（a）导轨的固定；（b）导轨的校准

即可，不要顶紧；或按图 2-1-42 所示的方法安装：将吸铁表座固定在非基准导轨副的滑块上，量表的指针顶在非基准导轨副的基准侧面，从导轨的一端开始读取平行度，并顺次将非基准导轨副固定好。

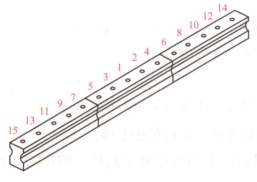 

图 2-1-41 导轨紧固螺栓的拧紧顺序　　　　图 2-1-42 非基准导轨副的安装

（2）单导轨侧面定位的安装工艺。

①保持导轨、机器零件、测量工具及安装工具的干净和整洁。

②将基准导轨副基准面（刻有小沟槽）的一侧与安装台阶的基准侧面相对，对准安装螺孔，然后在孔内插入螺栓。

③利用内六角扳手用手拧紧所有的螺栓；并用多个 U 形夹头，均匀地将导轨轴的基准侧面紧紧靠贴安装台阶的基准侧面。

④用扭矩扳手将螺栓旋紧。

⑤非基准导轨轴对准安装螺孔，用手拧紧所有的螺栓。采用相应的平行度检测工具和方法，调整非基准侧导轨轴，直到达到规定平行度要求后，用扭矩扳手逐个拧紧安装螺栓。

（3）床身上没有凸起基面时的安装工艺。

①用手拧紧基准导轨轴的安装螺栓，使导轨轴轻轻地固定在床身装配表面上，把两块滑块座并在一起，上面固定一块安装千分表架的平板。

②千分表测头接触低于装配表面的侧向辅助工艺基准面，如图 2-1-43 所示。根据千分表移动中的读数指示，边调整边紧固安装螺栓。

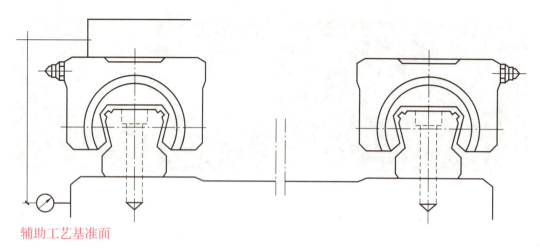

辅助工艺基准面

图 2-1-43　千分表安装位置

③用手拧紧非基准侧导轨轴的安装螺栓，将导轨轴轻轻地固定在床身装配表面上。

④装上工作台并与基准侧导轨轴上两块滑块座和非基准侧导轨轴上一块滑块座用安装螺栓正式紧固，另一块滑块座则用手拧紧其安装螺栓以轻轻地固定。

⑤测定移动工作台的拖动力，同时调整非基准侧导轨轴的位置。当拖动力达到最小、全行程内拖动力波动最小时，就可用扭矩扳手逐个拧紧全部安装螺栓。

（4）滑块座的安装工艺。

①将工作台置于滑块座的平面上，并对准安装螺孔，用手拧紧所有的安装螺栓。

②拧紧滑块座基准面压紧装置，使滑块座基准面压贴工作台的侧基面。

③按对角线顺序，逐个拧紧基准侧和基准侧滑块座上的各个安装螺栓。螺栓安装位置如图 2-1-44 所示。

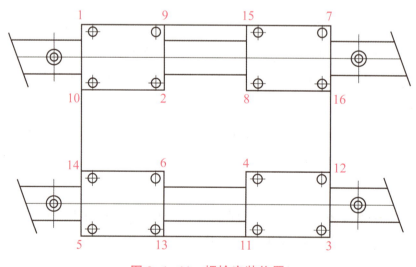

图 2-1-44　螺栓安装位置

④检查整个行程内导轨运行是否轻便、灵活、无停顿阻滞现象。达到上述要求后，检查工作台的运行直线度、平行度是否符合要求。

3）装配后精度测定

（1）在未装工作台前，分别对基准侧和非基准侧的导轨副进行直线度测定。

（2）装上工作台后再进行直线度和平行度的测定。

二、滚珠丝杠副

滚动螺旋传动又称滚珠丝杠副，如图 2-1-45 所示。其按用途可分为用于控制轴向位移量的定位滚珠丝杠副和用于传递动力的传动滚珠丝杠副。滚珠丝杠的优点是副摩擦系数小，效率高，传动精度高，运动形式的转换十分平稳，基本上不需要保养，已广泛应用于机器人，数控机床，传送装置，飞机零、部件（如副翼），医疗器械（如 X 光设备）和印刷机械（如胶印机）等要求高精度、高效率的场合；其缺点是结构复杂，制造精度要求高，价格较贵，抗冲击性能差等。

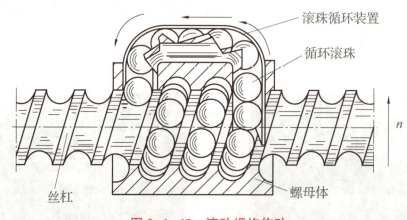

图 2-1-45　滚动螺旋传动

1. 滚珠丝杠副的装调基本要求

（1）丝杠与螺母的同轴度及丝杠、螺母的轴线和与之配套导轨的轴线平行度，应控制在规定范围内。

（2）安装螺母时，应尽量靠近支撑轴承，且不可用力过大，以免损坏螺母。

（3）滚珠丝杠安装到机床时，不要把螺母从丝杠上卸下。如果必须卸下时，则要使用安装辅助套筒。

（4）安装辅助套筒的大径应比丝杠小径小 0.2 mm，在使用中必须靠紧丝杠螺纹轴肩。

（5）滚珠螺母必须进行密封，以防止污染物进入滚珠丝杠副内。常用的密封方法如图 2-1-46 所示。

（6）滚珠丝杠副必须有很好的润滑，润滑的方法与滚珠轴承相同。使用润滑油润滑时，一定要安装加油装置；使用润滑脂润滑时，不能用含石墨或 MoS_2 的润滑脂，一般每 500～1 000 h 添加一次润滑脂。

2. 滚珠丝杠副的装调工艺

1）螺母的安装

交货时，如果螺母没有安装在丝杠上，就要先将螺母按下列步骤安装到丝杠上。

（1）在丝杠上一端旋上密封圈，如图 2-1-47 所示。

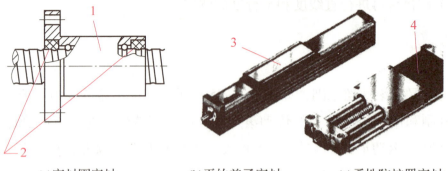

(a) 密封圈密封　　　　(b) 平的盖子密封　　　(c) 柔性防护罩密封

图 2-1-46　滚珠丝杠螺母的密封方法

1—滚珠螺母；2—密封圈；3—平的盖子；4—柔性防护罩

（2）将带空心套的螺母顶在丝杠轴端，然后慢慢地将安装辅助套筒和螺母一起滑装到丝杠轴颈上，轻轻地按压螺母直到其到达丝杠的退刀槽处，无法再向前移动，如图 2-1-48 所示。

图 2-1-47　安装一端的密封圈　　　　图 2-1-48　滑装辅助套筒和螺母至丝杠轴颈

（3）慢慢地将螺母旋在丝杠上，并始终轻轻按压螺母，直至螺母完全与丝杠旋合，如图 2-1-49 所示。

（4）安装另一端的密封圈，如图 2-1-50 所示。

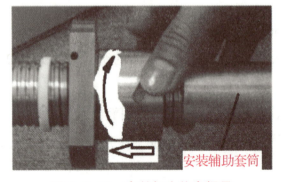
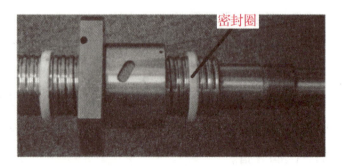

图 2-1-49　在丝杠上旋合螺母　　　　图 2-1-50　安装另一端的密封圈

（5）借助螺钉旋具沿螺纹旋转方向将密封圈完全旋入螺母端部，在螺母外沿用六角扳手（小螺钉旋具）将密封圈锁紧，如图 2-1-51 所示。

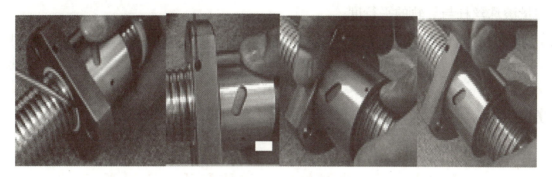

图 2-1-51　密封圈的锁紧

（6）将螺母在丝杠上反复旋转移动，直至旋转顺畅，如图 2-1-52 所示。

2）滚珠丝杠副的预紧

（1）在丝杠上安装两个滚珠螺母和一个垫片，如图 2-1-53 所示。

图 2-1-52　螺母与丝杠跑合

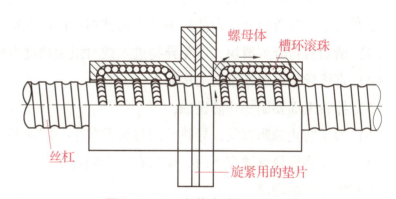

图 2-1-53　安装滚珠螺母及垫片

（2）调整垫片的厚度，将两个滚珠螺母分隔开，达到预紧要求，如图 2-1-54 所示。

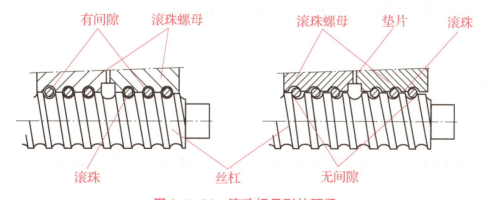

图 2-1-54　滚珠螺母副的预紧

3）滚珠丝杠平行度的调整

（1）根据设备的结构以及丝杠和导轨的安装位置，选用相应的量具分别在水平方向和垂直方向测量滚珠丝杠与导轨的平行度。

（2）平行度达不到要求时，沿水平方向调整丝杠；垂直方向用垫片调节轴承座高度。

任务拓展

阅读材料——直线导轨滑块的存放与润滑常识

1. 直线导轨的存放

直线导轨存放时涂上防锈油封入指定封套中，并水平放置，且避免存放在高、低温及高度潮湿的环境。使用环境温度请勿超过 80 ℃，瞬时温度请勿超过 100 ℃。具体如下。

（1）滑块和滑轨在倾斜后可能因本身重力而落下，请小心注意；

（2）敲击或摔落滑轨，即使外观看不出破损，但可能造成功能上的损失，请小心注意；

（3）请勿自行分解滑块，以免异物进入或对组装精度造成不利影响；

（4）直线导轨要放在常温的房间里；

（5）导轨上面要刷一些防锈油；

（6）为了防止油脂挥发，导轨外面最后要包上一层薄膜；

（7）不要将导轨堆放在下面，要放在一个物件上。

2. 直线导轨的润滑

（1）请先擦拭防锈油后再注入润滑油（脂）使用。

（2）请勿将不同性质的润滑油（脂）混合使用。

（3）采用润滑油润滑时，会因安装方式的不同而不同。

任务练习

一、填空题

1. 导轨是在机床上用来支承和引导部件沿着一定的轨迹_____或起_____作用的轨道。

2. 直线滚动导轨副由一根_____与一个或几个_____构成。

3. 轨道的准确度和移动精度直接影响机械的_____、_____和使用寿命。

4. 按工作原理可将导轨分为_____和_____两大类。

5. 直线滚动导轨副中的滑块内含有滚动体（滚珠或滚柱），随着滑块或导轨的移动，滚动体在滑块与导轨间循环滚动，使滑块与导轨之间的_____变为_____，并使滑块能够沿着导轨无间隙地做直线运行。

二、选择题

1. 直线滚动导轨副具有（　　）的优点。
   A. 阻力小　　　　　　　　　　　B. 阻力小，无爬行
   C. 阻力小，无间隙，无爬行　　　D. 以上均不是

2. 球轴承直线滚动导轨副应用场合有（　　）。
   A. 激光或水射流切割机、送料机构　　B. 打印机、测量设备
   C. 机器人、医疗器械　　　　　　　　D. 以上均是

3. 滚柱轴承直线滚动导轨副应用场合有（　　）。
   A. 数控机械、注塑机　　　B. 电火花加工机床、数控机械、注塑机
   C. 电火花加工机床　　　　D. 以上均不是

三、简答题

1. 直线滚动导轨副具有哪些优点？
2. 滚珠丝杠副的装调基本要求是什么？
3. 滚珠丝杠平行度的调整原则是什么？

任务四　装配与调试间歇回转工作台和自动冲床机构

本任务主要学习 THMDZT-1 间歇回转工作台和自动冲床机构的装配与调试。

任务目标

（1）了解间歇回转工作台和自动冲床机构的构成。
（2）了解机构的运动原理及功能。
（3）掌握轴承的装配方法和装配步骤。
（4）掌握间歇回转工作台和自动冲床机构的装配与调试方法。

任务描述

通过学习间歇回转工作台和自动冲床机构的结构组成，掌握其安装工艺和注意事项，完成间歇回转工作台和自动冲床机构的装配与调试，并达到装配要求。

知识链接

THMDZT-1间歇回转工作台及自动冲床的外观结构分别如图2-1-8和图2-1-9所示。

一、槽轮机构

1. 槽轮机构

槽轮机构具有结构简单、制作容易、工作可靠、转角准确、传动平稳性好和机械效率较高等优点，多用于不需要经常调整转动角度和转速不高的间歇分度装置中。

主动拨盘的圆柱销数目和槽轮槽数可根据结构的需要进行选择，但是其动程不可调节，转角不能太小。槽轮在起、停时的加速度大，在工作时有冲击，随着转速的增加及槽数的减少而加剧，因此适用范围受到一定的限制。槽轮机构一般用于转速不是很高的自动机械、轻工机械和仪器仪表中，如图2-1-55所示。

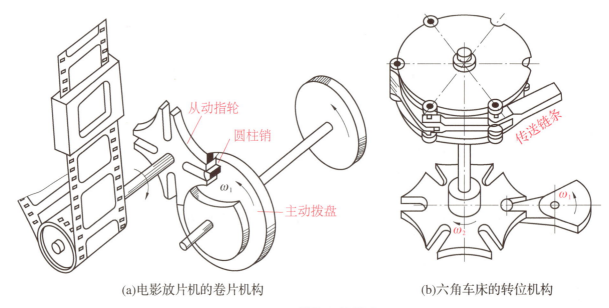

(a)电影放片机的卷片机构　　　　(b)六角车床的转位机构

图2-1-55　槽轮机构的应用

槽轮机构主要由装有圆柱销的主动拨盘和具有径向槽的从动槽轮组成，如图2-1-56所示。当主动拨盘等速转动时，槽轮作为从动轮做间歇运动。当拨盘上的圆柱销未进入槽轮的径向槽时，槽轮由于其内凹锁止弧被拨盘的外凸圆弧锁住而静止不动。当圆柱销开始进入径向槽时，锁止弧被松开，槽轮受圆柱销的驱动做反向转动。在圆柱销脱出径向槽的同时，槽轮又因其另一内凹锁止弧被锁住而停止转动，直到圆柱销转过一周后进入槽轮的另一径向槽时，又将重复上述运动。

2. 槽轮的功用及特点

（1）主动拨盘曲柄运转一周，槽轮运转 1/4 周（90°）之后停止一次。

（2）运动时间小于间歇时间。

（3）主动拨盘、槽轮转向相反。

二、蜗轮蜗杆传动

1. 蜗轮蜗杆传动简述

蜗轮蜗杆传动是用来传递空间两相互交错垂直轴之间的运动和动力的一种传动机构，两轴交错角为 90°。蜗轮蜗杆传动机构由蜗轮、蜗杆等零件组成，如图 2-1-57 所示。蜗轮蜗杆传动具有传动比大、传动平稳、噪声小、结构紧凑、有自锁功能等优点，但其效率低、发热量大、需要良好的润滑，蜗轮齿圈通常采用较贵重的青铜制造，成本较高，适用于减速、起重等机械。一般蜗杆与轴制成一体，称为蜗杆轴，如图 2-1-58 所示；蜗轮的结构形式可分为整体式、齿圈压配式、螺栓连接式 3 种，如图 2-1-59 所示。

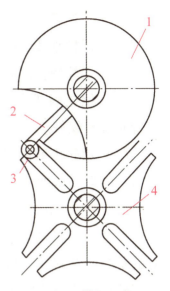

图 2-1-56 槽轮机构

1—主动拨盘；2—转臂；3—圆柱销；4—槽轮

图 2-1-57 蜗轮蜗杆传动机构

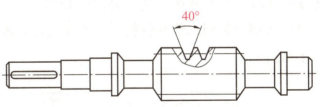

图 2-1-58 蜗杆轴

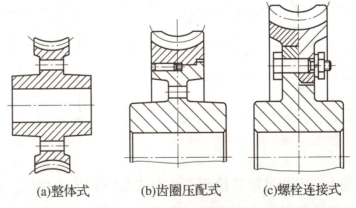

(a)整体式　　(b)齿圈压配式　　(c)螺栓连接式

图 2-1-59 蜗轮的结构形式

2. 蜗轮蜗杆传动机构的装配要求

（1）蜗杆轴线与蜗轮轴线必须相互垂直，且蜗杆轴线应在蜗轮齿的对称平面内。

（2）蜗轮蜗杆之间的中心距要正确，以保证适当的啮合侧隙和正常的接触斑点。

（3）蜗轮蜗杆传动机构装配后应转动灵活，蜗轮在任意位置时旋转蜗杆应同样灵活，无任何卡滞现象。

（4）蜗轮齿圈的径向圆跳动应在规定范围内，以保证蜗杆传动的运动精度。

3. 蜗杆传动机构的装配工艺

蜗杆传动机构的装配顺序按其结构特点的不同而不同，有的是先安装蜗轮，后安装蜗杆；有的是先安装蜗杆，后安装蜗轮。一般是从装配蜗轮开始。

（1）检查箱体上蜗杆孔轴线与蜗轮轴线的垂直度，如图2-1-60所示。将专用心轴1和2分别插入箱体上蜗杆和蜗轮的安装孔内，在专用心轴1上装上指示表装置，使指示表测头抵住心轴2，转动心轴1至相距长度为L的心轴2的另一位置，此两位置的指示表读数差即为两轴线的垂直度误差值。

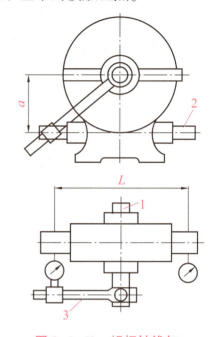

图2-1-60　蜗杆轴线与蜗轮轴线垂直度的检测

1、2—心轴；3—指示表装置

（2）检测箱体上蜗杆轴孔与蜗轮轴孔间中心距，如图2-1-61所示。先将心轴1、2分别插入箱体蜗轮与蜗杆轴孔中，再用3只千斤顶将箱体支承在平台上，调整千斤顶，使其中1个心轴与平台平行，分别测出两心轴与平台之间的距离H_1、H_2，算出中心距。

（3）将蜗轮齿圈压装在轮毂上（方法与过盈配合装配相同），并用紧定螺钉加以紧固，如图2-1-62所示。

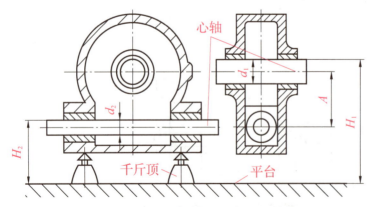

图2-1-61　蜗轮蜗杆轴线间中心距的检测

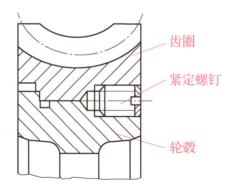

图2-1-62　组合式蜗轮的装配

（4）将蜗轮装在轴上，安装过程和检测方法与安装圆柱齿轮相同。通常在装配时需加一定外力，压装时要避免蜗轮歪斜和产生变形。若配合的过盈量较小，则可用手敲击压装；若过盈量较大，则可用压力机压装。蜗轮装在轴上后应检验常见的误差，如偏心、歪斜和端面未紧贴轴肩。蜗轮、蜗杆的径向圆跳动和端面圆跳动的检测与圆柱齿轮相同。

（5）把蜗轮轴装入箱体，然后再装入蜗杆，并通过改变调整垫圈厚度或其他方式调整蜗轮的轴向位置，确保蜗杆轴线位于蜗轮轮齿的对称中心平面内。

三、间歇回转工作台、自动冲床装配要求

根据间歇回转工作台装配图（见附图4）、自动冲床装配图（见附图6），进行间歇回转工作台、自动冲床的组合装配与调试，使间歇回转工作台、自动冲床运转灵活无卡阻现象。

（1）通过装配图，能够清楚零件之间的装配关系，机构的运动原理及功能，理解图纸中的技术要求，熟悉基本零件结构装配方法。

（2）掌握正确的轴承装配方法和装配步骤。

（3）了解槽轮机构的工作原理及用途。

（4）了解蜗轮蜗杆、锥齿轮、圆柱齿轮传动的特点。

阅读材料——蜗杆传动机构啮合调试

蜗杆传动机构装配完成之后要进行校验，并在校验完之后进行调试使其达到预期要求，实现良好的传动。

1. 齿侧间隙检测

蜗杆传动的侧隙用指示表测量，如图2-1-63所示。在蜗杆轴上固定一带刻度盘的量角器，用一指示表测头抵在蜗轮齿面上（或在蜗轮轴上装测杆，用指示表测头抵住测杆，如图2-1-64所示），用手转动蜗杆，在指示表指针（蜗轮）不动的条件下，用刻度盘相对基准指针转过最大的转角推算出侧隙大小。

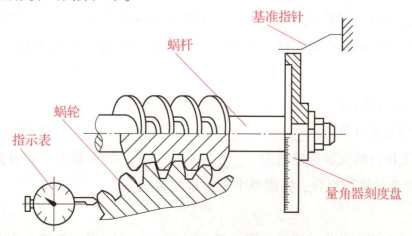

图2-1-63 蜗杆传动的侧隙检测

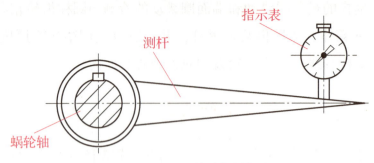

图 2-1-64 测杆辅助检测

2. 涂色法检验蜗轮的接触斑点

将红丹粉涂在蜗杆的螺旋面上,给蜗轮以轻微阻力,转动蜗杆,在蜗轮轮齿上得到接触斑点,接触斑点的情况反映了装配质量,如图 2-1-65 所示。对接触斑点不正确的情况,可通过调节调整垫片的厚度对蜗轮的轴向位置进行调整,使其达到正常接触。

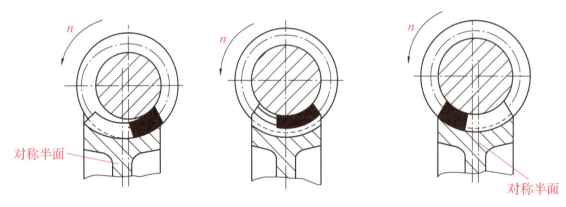

图 2-1-65 涂色法检验蜗轮的接触斑点

任务练习

一、填空题

1. 槽轮机构具有结构简单、制作容易、_____、_____、传动平稳性好和机械效率较高等优点,多用于不需要经常调整转动角度和转速不高的间歇分度装置中。

2. 槽轮机构主要由装有圆柱销的_____和具有径向槽的_____组成。

3. 蜗杆传动是用来传递空间两相互交错_____之间的运动和动力的一种传动机构,两轴交错角为 90°。

4. 蜗轮蜗杆传动机构由_____、_____等零件组成。

5. 蜗轮的结构形式可分为_____、_____、_____ 3 种。

6. 间歇回转工作台的安装应遵循先_____后_____的安装方法,首先对_____进行安装,然后把各个部件进行组合,完成整个工作台的装配。

二、选择题

1. 四槽槽轮的主动拨盘曲柄运转一周,槽轮运转(　　)周之后停止一次。

A. 1/4　　　　　　B. 1/5　　　　　　C. 1/6　　　　　　D. 1/3

2. 蜗轮蜗杆传动具有（　　）、结构紧凑、有自锁功能等优点。

A. 传动比大　　　B. 传动平稳　　　C. 噪声小　　　　D. 以上均是

3. 蜗轮蜗杆传动具有（　　），蜗轮齿圈通常用较贵重的青铜制造，成本较高等缺点。

A. 发热量大、需要良好的润滑　　　B. 效率低、发热量大、需要良好的润滑

C. 效率低、发热量大　　　　　　　D. 以上均不是

三、简答题

1. 四槽槽轮的功用及特点是什么？
2. 蜗轮蜗杆传动机构的装配要求是什么？

模块三 典型机电设备装调技术

项目一
带锯床的安装调试与维护技术

 知识树

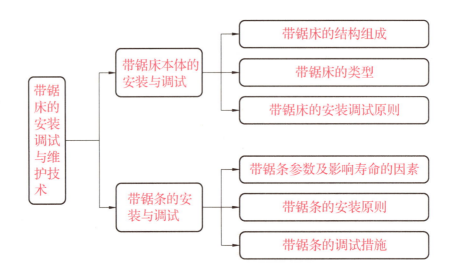

任务一　带锯床本体的安装与调试

经过多年的努力，我国锯床行业有了很大发展，民族企业已掌握锯床行业的核心技术，为国民经济和国防建设提供了大量的基础工艺装备，为国家的现代化进程做出了重要贡献。锯床全行业是由金属带锯床、锻压机械、铸造机械、木工带锯床、量刃具、磨料磨具、带锯床附件（含滚动功能部件）、带锯床电器（含数控系统）8个小行业组成。锯床行业已经开始进入发展速度与经济运行质量同步增长的新阶段，我国正由锯床制造大国向锯床制造强国迈进。

其中，由于带锯床具有明显优势，市场占有率迅速提升，促使带锯床行业快速发展。为了满足带锯床行业发展，带锯床的安装调试与维护的市场也随之扩大。

锯床是以圆锯片、锯带或锯条等为刀具，锯切金属圆料、方料、管料和型材等的机床。锯床多用于备料车间，可方便快捷地切断各种材料，在企业中应用非常广泛。与其他类型的锯床相比较，带锯床具有很多优点。因此，带锯床越来越普及，在企业中的使用率要大于其他类型的锯床。

任何设备在使用之前必须要根据其功能确定其固定位置。因此，带锯床在使用之前必须要进行就位与安装。而且，在安装过程中必须按照相关原则和规定进行，以保证带锯床的安装精度，进而保证其加工精度。

任务目标

（1）了解带锯床的安装原则。
（2）掌握带锯床安装调试的工作步骤。
（3）掌握带锯床的吊装、就位及组装。

任务描述

通过对本任务的学习可了解带锯床本体的安装调试原则，掌握带锯床安装的基本要求，掌握带锯床本体安装的基本方法并能够学会如何使机床就位和组装机床。常见带锯床如图3-1-1所示。

图3-1-1 常见带锯床

知识链接

带锯床可锯切各类金属材料，可满足用户对各种材料（如各种型钢、圆钢）锯断加工的需求。带锯床具有无级调速、锯缝窄、效率高、节能、节材的优点，因此适合各大中型机械加工企业下料之用。企业为了保证生产需要，必须重视带锯床以及带锯条的安装调试。

一、带锯床的结构组成

带锯床主要部件有底座、床身、立柱、锯梁和传动机构、锯条导向装置、工件夹紧装置、锯条张紧装置、送料机构（自动系列）、液压传动系统、电气控制系统、润滑及冷却系统。下面主要介绍带锯床的液压传动系统、电气控制系统和润滑系统。

（1）液压传动系统。液压传动系统通过由泵、阀、油缸、油箱、管路等组成的液压回路，在电气控制下完成锯梁的升降，工件的夹紧；通过调速阀可实现进给速度的无级调速，达到对不同材质工件的锯切需要。

（2）电气控制系统。电气控制系统通过由电气箱、控制箱、接线盒、行程开关、电磁铁等组成的控制回路，控制锯条的回转、锯梁的升降、工件的夹紧等，使之按一定的工作程序来实现正常切削循环。

（3）润滑系统。开车前必须按照机床润滑部位（钢丝刷轴、蜗轮箱、主动轴承座、蜗杆轴承、升降油缸上下轴、活动虎钳滑动面夹紧丝杆）要求加油。蜗轮箱内的蜗轮、蜗杆采用30号机油浸油润滑，由蜗轮箱上部的油塞孔注入，油箱侧面备有油标，当锯梁位于最低位置时，油面应位于油标的上、下限之间。使用1个月后应更换机油，之后每隔3~6个月换油1次。蜗轮箱下部设有放油塞，锯条张紧机构负责锯条的张紧，使用中必须严格控制锯条的张紧力度。

二、带锯床的类型

带锯床按工艺要求分为原木带锯机和剖分带锯机两种。原木带锯机是带锯制材厂的主锯，用于原木剖料兼锯割板方材。通常采用跑车带锯机或双联原木带锯机，锯轮直径多为1 067~1 829 mm，最大可达3 658 mm。通常在单面锯齿锯机上跑车载原木做间歇式锯割，而双面锯齿的锯机往复锯割，可使工作效率提高30%。跑车的传动，主要有摩擦轮绳索卷筒，可控硅整流直流电动机、液压电动机3种无级变速传动方式。双联带锯机采用链式运输机、卡木臂等连续进料机构。

剖分带锯机又分为将毛方剖分为板方材的主力带锯机和将板皮剖分为薄板的板皮带锯机。另外，带锯机还有以下的分类方法。

（1）按锯轮直径及进料机构划分：锯轮直径在1 524 mm以上的为重型跑车大带锯，在1 067~1 372 mm的为轻型跑车大带锯，在1 067~1 219 mm的为剖分带锯机，在400~800 mm的为细木工带锯机。

（2）按锯轮旋转方向划分：顺时针方向旋转，木料从右侧进锯的为右手式带锯机；逆时针方向旋转，木料从左侧进锯的为左手式带锯机。

（3）按锯条张紧装置划分：双柱杠杆式普通张紧装置带锯机和液气压高张紧悬臂式带锯机，后者张紧力为前者的2~3倍。

(4) 按两锯轮的相对位置方向划分：立式带锯机、卧式带锯机、倾斜式带锯机；其中，卧式带锯机在中国只用于将板皮剖分为毛边板，在其他国家也用于锯剖阔叶树原木。

(5) 按锯机的组合划分：单带锯机、双联带锯机、四联或多联带锯机；其中，双联带锯机又可分为原木用双联带锯机和毛方剖分板材用台式双联带锯机；它们多是左、右手式各一台组合的对联带锯机，但也有两台都是右手式的串联带锯机，而四联带锯机均为对联带锯机。

(6) 按有无削片刀头划分：无削片刀头普通带锯机、装有单削片刀头的跑车带锯机、装有双圆盘削片刀头的双联和四联带锯机。

三、带锯床的安装调试原则

带锯床的安装调试原则较多，主要有以下 9 种。

(1) 带锯床的液压油应加足，滑动和转动部位应抹上一层机油。

(2) 带锯床装上锯带，要调节张紧装置（转动锯架左侧手柄）使锯带张紧达到合适程度，同时调节好行程开关触头，使其刚好碰到挡铁，正好使挡铁处于开启状态。

(3) 冷却水箱里加足冷却液，保证在锯削过程中有较好的冷却效果。

(4) 做好以上准备工作后，检查接地必须标准可靠，接上电源，开启电源开关（在电气控制箱上），开动带锯床试车，按照标牌上所注明的锯带旋向校正电动机接线相序，同时听其声响是否正常。运转过程中让锯弓自动下降，使锯带下降到低于工作台 0.5~1 mm，行程开关碰上撞块后使锯带自动上升，当其达到极限位置高度观察带锯床是否自动停机，连续实验 3 次。运转过程中调节张紧装置处于松弛状态，让行程开关触头离开撞块后断电关机，连续实验 3 次。

(5) 检查升、降油缸装置，锯弓抬起和落下是否可靠灵活。

(6) 检查夹紧、放松油缸装置，夹紧时是否夹紧可靠，放松时是否灵活。

(7) 调节调速旋钮，调至 1 挡（低速）运转，再调速至 2 挡（高速）运转，反复实验 3 次。

(8) 在主电动机电源开关开启后，水泵相应同时启动，冷却系统正常运转。调试冷却液阀门，检查冷却液是否顺畅流出。

(9) 做好以上准备工作后，装料夹紧锁定，进行试锯削。

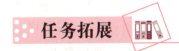

阅读材料一——锯床分类及特点

金属带锯床主要用于锯割碳素结构钢、低合金钢、高合金钢、特殊合金钢、不锈钢、耐酸钢等各种金属材料。随着锯条技术的发展，普通玻璃、单晶硅、宝石坯等也逐渐进入锯切菜单中。

锯床常见分类如下。

（1）圆锯床。圆锯床也称圆锯机，如图3-1-2所示，分全自动与半自动。圆锯片做旋转的切削运动，同时随锯刀箱做进给运动。圆锯床按锯片进给方向又分为卧式（水平进给）圆锯床、立式（垂直进给）圆锯床和摆式（绕一支点摆动进给）圆锯床3种。此外，还有各种专用圆锯床，如用于切割大型铸件浇冒口的摇头锯床；用于钢轨锯切和钻孔的锯钻联合机床。

图3-1-2　圆锯床

（2）带锯床。带锯床的环形锯带张紧在两个锯轮上，由锯轮驱动锯带进行切割。带锯床主要有立式带锯床和卧式带锯床两种。立式带锯床的锯架垂直设置，切割时工件移动，多用于切割板料和成型零件的曲线轮廓，还可把锯带换成锉链或砂带，进行修锉或打磨。卧式带锯床的锯架水平或倾斜布置，沿垂直方向或绕一支点摆动的方向进给，锯带一般扭转40°，以保持锯齿与工件垂直。卧式带锯床又分为剪刀式带锯床、双立柱式带锯床、单立柱式带锯床。

图3-1-3　弓锯床

（3）弓锯床，如图3-1-3所示。弓锯床装有锯条的锯弓做往复运动，以锯架绕一支点摆动的方式进给，机床结构简单，体积小，但效率较低。弓锯床锯条的运动轨迹有直线和弧线两种。弧线运动时锯弓绕一支点摆动一小角度，每个锯齿的切入量较大，排屑容易，效率较高，新式弓锯床大多采用这种方式。

阅读材料二——GB4240B型双柱卧式带锯床安全知识

GB4240B型双柱卧式带锯床可锯切各类金属材料，满足用户对φ400 mm尺寸以下的各种材料包括各种型钢、圆钢的锯断加工，其结构简图如图3-1-4所示。

1. 安全规则

操作该设备要求学习下列安全规则，加强安全意识，防患于未然。

（1）操作机床时，禁止戴手套和穿宽松的衣服，以免身体被卷入运动的机床中，造成危险。

（2）切割长工件时在机床的前、后设置承料托辊，以免工件从机床上跌落，造成危险。

（3）按要求使用可溶性水基切削液。只有在切割镍基合金和铬镍铁合金时才优先推荐使用油基切削液。如果切削液流量太小，则切削液会冒烟或着火。所以在使用时，为防止火灾发生，在机床附近设置灭火器和火灾报警器；同时，禁止在无人看管的情况下使机床运行。

（4）在切割钛、镁等可燃材料时，必须在操作区内严禁烟火，同时在机床附近设置灭火

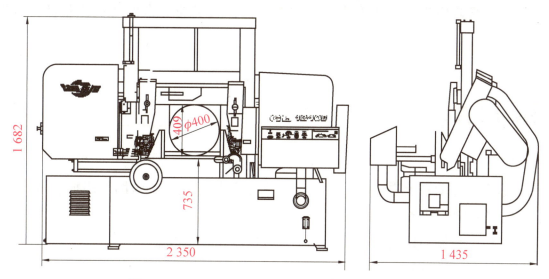

图 3-1-4　GB4240B 型双柱卧式带锯床结构简图

器和火灾报警器；另外，锯切时操作工请勿擅离机床。

（5）切割碳棒等切屑呈粉末状的可燃易爆材料时，机床电动机、电气和运动的机床零部件产生的火花会引燃空气中这些易燃的粉末并引起爆炸。所以，禁止用机床切割此类材料。

（6）请充分确认工件被夹紧牢固后再锯切工件。对于异形材料请用专用夹具将其牢固夹紧；否则，切割过程中工件会脱离台虎钳造成危险。

（7）当锯切薄片或较短工件时，要采取措施防止工件掉落，否则会造成危险。

（8）禁止在皮带轮罩、锯带罩等防护罩被拆除或打开的情况下运行机床，以免身体被卷入其中，造成危险。

（9）切勿触摸运行中的锯条和排屑输送器，以免被卷入其中，造成危险。

（10）当锯条运行时，切勿试图调整钢丝刷位置或者清除锯条上的切屑，以免被卷入其中，造成危险。

（11）当清理机床时，要先使锯条停止运行，以免被卷入其中，造成危险。

（12）切勿踩踏送料辊道或者站在送料辊道上，以免跌落，造成危险。

2. 安全操作技术须知

操作带锯床时要掌握下列安全操作须知，按照操作规程进行，保证安全，避免发生安全事故。

（1）锯床的使用保养，必须有专人负责，操作人员应具备相应的机械专业知识，且必须认真阅读说明书，了解锯床的主要结构、工作原理，掌握有关的操作规程。

（2）严格按照说明书规定的操作程序操作锯床，在未张紧带锯条和未夹紧工件的情况下，不得进行锯削工作。锯削时应经常检查冷却液的供给是否充分；一旦发现冷却液供给不足必须停机检查。

（3）锯削工件时，操作人员必须坚守工作岗位，时刻注意锯床的工作情况，发现异常情况必须立即停机检查，严禁"带病工作"。

(4) 锯床的维修应当由专业维修人员进行，操作人员应经常保持机床整洁，定期保养、加油。

任务练习

一、填空题

1. 带锯床液压传动系统通过由_____、阀、油缸、油箱、管路等组成的液压回路，在电气控制下完成锯梁的升降，工件的夹紧。

2. 带锯床电气控制系统通过由_____、控制箱、接线盒、_____、电磁铁等组成的控制回路，控制锯条。

3. 带锯床通过锯条的回转、锯梁的升降、工件的夹紧等，_____可实现进给速度的无级调速，达到对不同材质工件的锯切需要。

4. 冷却水箱里应加足_____，保证在锯削过程中有较好的冷却效果。

5. 带锯床在主电动机电源开关开启后，水泵相应同时启动，_____正常运转。

二、选择题

1. 运转过程中让锯弓自动下降，使锯带下降到低于工作台（　　）mm，行程开关碰上撞块后使锯带自动上升，当其达到极限位置高度观察带锯床是否自动停机，连续实验3次。

　A．0.8~1　　　　B．0.5~1　　　　C．0.5~1.2　　　　D．0.5~1.5

2. 双柱杠杆式普通张紧装置带锯机和液气压高张紧悬臂式带锯机，后者张紧力为前者的（　　）倍。

　A．2~5　　　　B．1~3　　　　C．2~3　　　　D．2~4

3. 带锯床使用1个月后应更换机油，之后每隔（　　）个月换油1次，蜗轮箱下部设有放油塞，锯条张紧机构负责锯条的张紧，使用中必须严格控制锯条的张紧力度。

　A．3~6　　　　B．4~6　　　　C．3~5　　　　D．3~7

三、简答题

1. 带锯床的结构组成是什么？
2. 带锯床的分类标准有哪些？

任务二　带锯条的安装与调试

随着现代制造工业朝着高效、高精度和经济性的方向发展，锯切作为金切加工的起点，已成为零件加工过程中重要的组成环节。锯床特别是自动化锯床已广泛应用于钢铁、机械、汽车、造船、石油、矿山和航空航天等国民经济的各个领域。

因此，带锯条的安装调试工作非常重要，正确的安装调试有利于提高工作效率，保证设备的可靠运行和提高无故障运行平均时间，提高设备利用率，降低生产成本。

任务目标

（1）掌握带锯条安装原则。
（2）掌握带锯条调试措施。

任务描述

通过本任务的学习可了解带锯条的安装调试原则，掌握带锯条安装的基本要求，掌握带锯条安装的基本方法并能够学会带锯条的安装方法。常见带锯条如图3-1-5所示。

图3-1-5　常见带锯条

知识链接

带锯条的安装调试是为带锯床正常工作而服务的，只有安装调试好带锯条才能保证带锯床的工作精度和延长其使用寿命，使带锯条产生更大的经济效益。

一、带锯条参数及影响寿命的因素

带锯条由一条坚韧、具有利齿的锯条张紧在一个框架里构成，用于切割金属。

1. 带锯条参数

（1）锯齿齿距：锯齿齿距的正确选择与进给率及锯切速度的选择一样重要；齿距过密容易造成带锯条断裂、锯痕弯曲和锯齿磨损过快；此外，齿距过密使齿间空隙被添满，锯齿易断裂。

（2）锯齿齿形：每一种齿形设计都具有理想的应用，齿形过弱会造成锯齿断裂，齿形选择错误会使锯齿磨损过快。

（3）磨合：每一条带锯条都应进行磨合，以获得最大限度的使用寿命；带锯条磨合不当，会造成锯齿磨损过快，振动力大，易造成产品表面粗糙。

（4）带锯条寿命：所有的带锯条都会因磨损而报废，使用时应注意磨损迹象；已磨损的锯齿的易造成锯痕弯曲和带锯条打滑，同时使产品表面粗糙。

2. 影响带锯条寿命的因素

带锯条在使用过程中，影响其使用寿命，使其非正常消耗，增加成本的主要因素有以下3种。

（1）带锯床品质是否符合要求。选用高品质的带锯床，正确地操作和调整机床是保证带锯条使用寿命最重要的因素。良好的机床刚性和工作性能，可以防止振动和各种应力给带锯条带来的巨大影响。

（2）是否正确选择符合使用要求的带锯条。没有哪一种带锯条可以适合所有的锯削要求，而各种不同形式和特征的带锯条都有其不同的效用，这种选择包括合适的锯条宽度、齿形和齿距。

（3）是否正确地"磨合"新带锯条。"磨合"是通过锯齿的自然磨损，除去齿刃毛刺，使带锯条渐入正常锯削状态，避免过早地引起锯齿的崩刃和卷刃，特别是锯削截面变化急剧的型材、管材及异型材料时尤为重要。进行"磨合"时，应将机床参数调整至正常锯削效率的50%左右，锯削面积一般为200～600 cm^2，无异常状况后逐渐调整机床有关参数，进入正常的锯削状态。

二、带锯条的安装原则

带锯条安装原则如下。

（1）锯齿齿尖一定要朝向带锯条的运动方向。

（2）带锯条在锯轮上的位置应让带锯条的背部尽量靠近锯轮的台阶（相距0.5～1 mm为宜），以保证带锯条的带体与两锯轮轮沿获得较大的接触面。

（3）左、右导向臂上的导向块不能将带锯条夹得太紧，应留有0.04 mm左右的间隙，锯齿的齿沟部分必须完全露出在导向臂的最下端。

（4）带锯条与脱屑钢丝轮的接触应以脱屑钢丝轮在带锯条的带动下能轻松转动为宜。

（5）带锯条安装到锯床上后，先预张紧锯条，然后利用点动开关让锯条短暂运转自然回位，再观察锯条在锯轮上的位置。

（6）适度张紧带锯条。锯条张得太紧容易造成带体断裂，带锯条张紧后只要使锯料不斜、不闷车即可。

（7）检查锯床上锯带的齿型与齿数，是否与将要切削材料的材质所需要的尺寸相符。

(8) 所有的切削液都要根据切削材料来调整浓度，碳钢拟稀，不锈钢拟浓。

(9) 新的带锯条在锯切前要进行磨合。在磨合期（15~20 min）内，降低进给压力，一般设置在推荐值的 1/3 或 1/2，然后提高至最佳的切削进给力。

(10) 换锯切材料时，必须将带锯条抬高到一定高度，避免撞断锯齿。

(11) 锯条安装时应该将锯背靠紧带轮，不应该让锯齿贴近锯架平面，因为在带轮转动时，锯齿与锯架平面磨擦会损伤锯齿。

(12) 锯带安装前应该清洁带轮和夹紧块的铁屑，建议用气枪清洁，松锯带前应该拧紧夹紧块的螺钉，锯背应该顶到上钨钢片，只有锯齿部分露出夹紧块，安装完锯带后拧紧夹紧块螺钉。

三、带锯条的调试措施

保证带锯条调试正确的措施如下。

(1) 严格按照规程进行磨合。

双金属带锯条的齿尖硬度很高，新带锯条的齿尖经过淬火后极易损伤，因此必须严格按规程进行磨合：锯轮转速调整到 60~70 r/min，压力调整到 1.5~1.8 MPa，下降速度调整到 1.0~1.2 cm/min，时间掌握在 2~3 h。经过以上方法的正确磨合，使带锯条的合金切削刃变得圆滑锋利，不易断裂和损伤，锯屑大小适中，利于排出，从而提高带锯条的使用寿命。

(2) 根据带锯条不同阶段表现出的特性，合理选择原材料进行锯割。

带锯条的整个使用过程分为 3 个阶段。刚刚磨合好的带锯条为第一阶段，因为其各种性能还没有达到最佳状态，故应中速锯割直径在 80 mm 以上、硬度偏高的 3 级锚链钢。使用 40~50 h 以后，进入第二阶段，此时带锯条各种性能基本达到了最佳值，这时就可以锯割中、大规格的各种材料。第二阶段时间约保持 70~80 h，进入疲劳期，即第三阶段，此时带锯条的性能开始下降，应锯割直径在 80 mm 以下、硬度偏低的 2 级锚链钢和淬火后的工件。通过以上方法，合理利用带锯条的阶段性能，可以最大限度地提高带锯条的使用寿命。

(3) 根据原材料直径选择合适的齿形。

带锯条的齿形通常有 2~3、3~4、4~6、5~8、8~12、1.5T~1.9T、1.1T~14T 7 种，目前，锚链制造行业常用的有 2~3、3~4、4~6 3 种。其中，直径在 30 mm 以下的圆钢应选择 4~6 的，直径在 30 mm 以上的应选择 3~4 的。方钢及其他型材应选择齿形密度更大的带锯条。只有正确选择齿形才能发挥出其特性，提高带锯条使用寿命。

(4) 正确调整导向块。

油泵压力、导向块松紧度等因素对带锯条使用寿命影响很大，需正确调整。油泵压力应调整到 3.5~5 MPa，否则，会因传递到轮盘上的压力不稳造成锯条断裂。导向块调整螺栓应调整到位，使锯条各个方向受力均匀，运转正常无阻力。带锯条转速调整到 80~90 r/min，钢丝刷调整到位，冷却液浓度适中。

(5) 加强设备管理。

带锯条在使用过程中必须匀速运转，特别是齿尖受力以后，必须匀速下降，如果设备存在故障，则运转和下降速度不稳，极易造成带锯条损伤。因此，必须加强设备维护管理，使带锯条运转良好，这样才能提高其使用寿命。

(6) 加强操作人员的培训，减少人为损伤。

通过培训，使操作人员充分了解带锯条及锯床设备的特性后，再进行操作，通过技术比赛等活动不断提高操作人员的操作水平，减少人为损伤，提高带锯条的使用寿命。

任务拓展

阅读材料——带锯条的分类与选择原则

带锯条是开有齿刃的钢片条，齿刃是带锯条的主要部分。

1. 带锯条的分类

带锯条可以分为多种类型，常见的带锯条如表 3-1-1 所示。

表 3-1-1 常见的带锯条

带锯条名称	具体内容
双金属锯条	由两种金属焊接而成的锯条，具体来说由碳钢锯身和高速钢锯齿组成；用于切割管件、实心体、木材、塑料及所有可加工金属；相比单金属锯条，其抗热及抗磨损性更高，寿命更长；柔韧性强，可以有效避免在切割过程中断裂、破损
碳化砂锯条	用于切割玻璃、硬化钢、绞合光纤及瓷砖；抗热性及抗磨损性超强，可以切割所有其他锯片或锯条不能切割的物质；其切削硬质合金速度可达 300 mm/min，切削大理石速度可达 100 mm/min，切削花岗石速度可达 40 mm/min，是传统往复锯或线切割效率的几十倍，其切口窄（只有 1.2~2 mm），与传统的往复锯和圆盘锯相比可节省原料，可为用户带来显著的经济效益。这些优点都是传统的往复锯、圆盘锯无法比拟的
高速钢锯条	用于切割管件、实心体、木材、塑料及所有可加工金属；锯条硬度比其他高速钢更高；柔韧性强，很适合与张力小的锯架配套使用；锯带背面中心处没有经过硬化，故应避免在切割过程中破裂
碳钢锯条	用于切割管件、实心体、木材、塑料及所有可加工金属；成本低，比较通用

2. 带锯条的选择原则

带锯床进行加工前，要选择合适的带锯条才能保证加工效率和质量，同时利于带锯条使用寿命的延长。带锯条的选择原则如下。

(1) 相同带锯条的使用寿命主要取决于背吃刀量，而由带锯条齿距大小、切削速度（锯带转速）、切削力（锯弓下切速度）和下切压力决定。

（2）带锯条齿锯大小。锯刃齿距过大且齿数较少，会使切割不稳定，且每一锯齿的切割负荷增加，容易使锯齿拉齿、崩损。

（3）如果锯床上带锯条齿距过小则容易产生锯屑堵塞现象，并在使用后不久即出现磨耗与损伤。切割韧性良好且质软的工件时，应尽量使用粗锯齿的带锯条，如果希望得到良好的切割面则应选择细锯齿的带锯条。

任务练习

一、填空题

1. 带锯条的安装调试是为带锯床正常工作而服务的，只有安装调试好带锯条才能保证带锯床的_____和延长其使用寿命，使带锯条产生更大的经济效益。

2. 带锯条与脱屑钢丝轮的接触应以_____在带锯条的带动下能轻松转动为宜。

3. 双金属带锯条的齿尖硬度很高，新带锯条的齿尖经过_____后极易损伤，必须经过严格的磨合才能正常使用。

4. 合理利用带锯条的_____，可以最大限度地提高带锯条的使用寿命。

5. _____及其他型材应选择齿形密度更大的带锯条。

二、选择题

1. 带锯条的齿形通常有（　　）。

　A. 2~3、3~4　　　　　　　　　　B. 4~6、5~8、8~12

　C. 1.5T~1.9T、1.1T~14T　　　　D. 以上均是

2. 直径在 30 mm 以下的圆钢应选择（　　）的齿形的带锯条。

　A. 4~8　　　　B. 4~5　　　　C. 4~6　　　　D. 4~7

3. 油泵压力、导向块松紧度等因素对带锯条使用寿命影响很大，必须正确调整。油泵压力应调整到（　　）MPa。

　A. 3.5~5　　　　B. 3.5~5.2　　　　C. 3.0~5　　　　D. 3.2~5

三、简答题

1. 带锯条的选择原则有哪些？
2. 根据原材料直径选择合适齿形的原则有哪些？
3. 带锯条的磨合原则是什么？

项目二
数控机床的安装调试与维护技术

 知识树

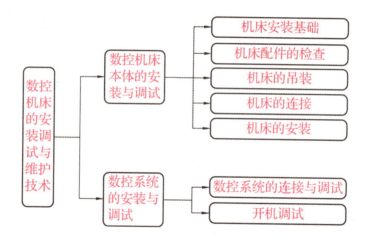

任务一　数控机床本体的安装与调试

近些年，我国的数控机床无论从产品种类、技术水平、质量和产量上都取得了很大的发展，在一些关键技术方面也取得了重大突破。据统计，目前我国可供市场使用的数控机床有1 500种，几乎覆盖了整个金属切削机床的品种类别和主要的锻压机械，这标志着我国数控机床已进入快速发展时期。现在，我国已经可以供应网络化、集成化、柔性化的数控机床。同时，我国也已进入世界高速数控机床和高精度精密数控机床生产国的行列。因此，为了满足我国数控机床市场持续增长的需求，数控机床安装调试与维护行业也在快速成长。

数控机床是利用数控技术，准确地按照已经编制好的程序，自动加工出工件的机电一体化设备。数控机床是非常精密的加工机床，除了其自身精度影响加工精度外，外部因素也会影响其加工精度，如安装精度、数控机床安装位置、数控机床周边使用环境等。

因此，为了保证数控机床的加工精度，必须要保证其在安装调试过程中按照操作要求进行，把不稳定因素控制在要求范围之内。

任务目标

（1）了解数控机床基础的重要性。

（2）掌握数控机床安装的工作步骤。

（3）掌握数控机床的吊装、就位及组装的注意事项。

任务描述

通过学习本任务，学生能够了解数控机床安装基础的要求和重要性，掌握机床安装的基本要求，以及机床安装的基本方法，在以后的工作中可独立完成机床就位和机床安装。工人安装调试机床如图3-2-1所示。

图 3-2-1　工人安装调试机床

知识链接

机床安装基础是机床稳定工作的基础，只有把机床安装在合适的基础上，才能有效屏蔽振动等不良影响因素，保证机床的加工精度。

一、机床安装基础

机床安装基础是指介于机床与地层（称为地基）之间的混凝土结构。机床安装基础的作用是支承机床，承受机床和工件的重力，吸收振动和隔离外界振动对机床的影响。因此，机床安装基础必须有足够的强度、刚度和稳定性，并能满足隔振、消振的要求，以保证机床的良好运转和邻近设备、仪器的正常工作。

1. 对机床安装基础的要求

（1）中、小型机床安装在混凝土地面上的界限及地面的厚度，应按国家相关标准规定执行。

(2) 基础厚度指机床底座下承重部分的厚度,当坑、槽深于基础底面时,仅需局部加深。

(3) 重型机床、精密机床应安装在单独基础上,如图3-2-2所示。

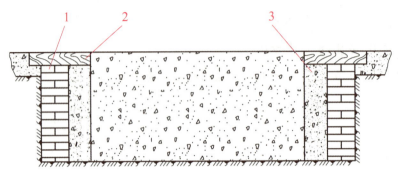

图3-2-2 重型机床防振基础

1—隔墙；2—木板；3—炉渣等防振材料

(4) 机床安装在单独基础上时,基础平面尺寸应不小于机床支承面积的外廓尺寸,应考虑安装、调整和维修时所需要的尺寸。

2. 机床安装基础设计的主要步骤

机床安装基础在设计前要按计划进行实地调研和收集资料,为设计做好准备工作。例如,要查阅关于设备振动的相关要求,调查设备所在车间的环境等。机床安装基础设计的主要步骤如表3-2-1所示。

表3-2-1 机床安装基础设计的主要步骤

序号	具体步骤
1	收集设计基础的有关资料
2	根据机床类别、工艺要求及地质条件,选择基础形式并确定基础设计方案以及机床的安装方式
3	确定基础的平面尺寸、厚度、埋置深度与安装平面的标高
4	确定基础的其他结构尺寸,如地脚螺栓预留孔、槽、坑及隔振沟等结构尺寸
5	选择混凝土标号,决定基础是否配筋以及是否进行配筋计算
6	进行地基承载力验算（必要时进行动力计算）
7	绘制基础图

3. 机床安装位置要求

(1) 机床应安装在牢固的基础上。

(2) 机床安装位置应远离振源。

(3) 机床应避免阳光照射和热辐射。

(4) 机床应放置在干燥的地方,避免潮湿和气流的影响。

(5) 机床附近若有振源,则基础四周必须设置防振沟。

4. 机床的隔振

（1）位置隔振：利用振动随距离的增大而衰减的原理来确定机床位置的隔振方式称为位置隔振。

（2）障碍隔振：利用振波不能通过固体和孔隙分界面的原理而设置波障（隔振沟）的隔振方式称为障碍隔振；隔振沟如图3-2-3所示。

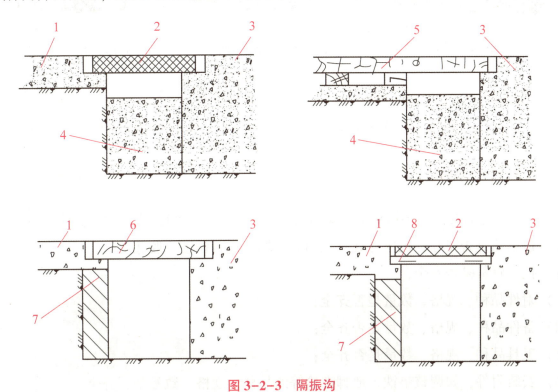

图 3-2-3　隔振沟

1—混凝土地坪；2—塑料盖板；3—机床基础；4—炉渣或其他隔振材料；
5—地板或盖板；6—木质盖板；7—砖砌外壁；8—橡胶垫

（3）基础隔振：在机床混凝土基础下铺设防振垫层或隔振材料，或将隔振元件置于基础下部，以形成低频隔振系统的隔振方式属于基础隔振；这种隔振基础称为浮动基础或浮悬式基础；浮动基础适用于高精度机床和重型精密机床的消极隔振，如图3-2-4所示。

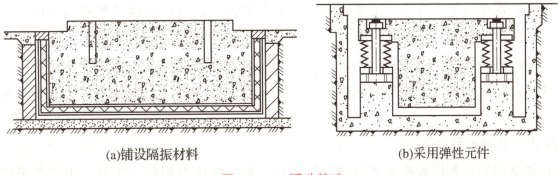

(a)铺设隔振材料　　　　(b)采用弹性元件

图 3-2-4　浮动基础

（4）支承隔振：在机床下采用弹性隔振元件或隔振材料支承机床，利用其阻尼与变形吸振来减小振动的输入或输出的隔振方式称为支承隔振，如图3-2-5所示。

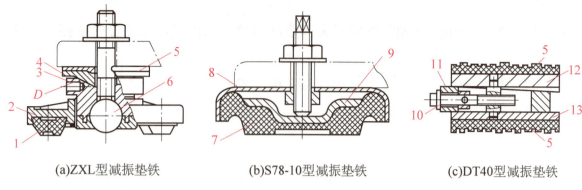

(a)ZXL型减振垫铁 (b)S78-10型减振垫铁 (c)DT40型减振垫铁

图 3-2-5 支承隔振

1—橡胶圈；2—底盘；3—升降座；4—球面座；5—橡胶垫；6—大钢球；7—碗形橡胶座；
8—支承座；9—上盖板；10—螺杆；11—楔铁；12、13—上、下垫铁

二、机床配件的检查

接收到设备之后要按照装箱单对设备进行清点，以防有遗漏，清点内容具体如下。
（1）包装箱是否完好，机床外观有无明显损坏，是否锈蚀、脱漆等；
（2）技术资料是否齐全；
（3）附件品种、规格、数量是否齐全；
（4）备件品种、规格、数量是否齐全；
（5）工具品种、规格、数量是否齐全；
（6）安装附件，如调整垫铁、地脚螺栓等的品种、规格、数量是否齐全；
（7）其他物品等。

三、机床的吊装

机床在到达目的地之后第一个程序就是将设备从运输工具上吊装下来，为后面机床就位做好准备。这项工作通常由厂商的服务人员完成，用户只需配合即可。

将机床放置在减振垫铁或固定垫铁上，如果需要固定，则将地脚螺栓穿入机床底座上的各支承指定位置，然后在螺栓地孔中灌入水泥，等待水泥完全凝固。

机床与减振垫铁或固定垫铁安装好以后，可以对机床进行清洗，清除油封。如果是小型机床或没有分解包装的机床，在未通电的情况下可对机床主机进行粗找水平，以防止机床发生变形。

机床吊装作业过程如下。
（1）机床吊装：若厂商提供了专用起吊工具，则应使用专用起吊工具，不允许采用其他方法。若无专用起吊工具，则应采用钢丝绳并按照说明书中规定部位吊装，如图 3-2-6 所示。
（2）机床就位：确定床身的安装基础位置，确保机床床身安装孔位置与安装基础位置对应，通过调整垫铁及地脚螺栓将机床安装在准备好的地基上。

图 3-2-6 机床吊装

四、机床的连接

首先组织有关技术人员学习有关机床安装方面的资料,然后进行机床安装。

机床部分的连接主要有以下 6 个方面的工作。

(1) 拆卸为防止在吊装和运输过程当中产生的发生位移、碰撞等而安装的固定板、隔板、压板等。

(2) 去除安装连接面、导轨、主轴内锥面和端面、工作台表面及各运动面和金属外露表面的防锈油,并做好机床控制柜、电气柜、操作面板、CRT 显示器及各部件、附件的外表清洁工作。

(3) 对于大型或较大型数控机床,按照装配图将各部件如立柱、床身、工作台、机械手及刀库等组装成整机,其中包括数控柜、电气柜的安装。

注意:一定要让机床安装原用的各类销子、螺栓、定位块及连接板等,以免出现差错。

(4) 连接液压系统、气动系统、冷却液系统和排屑装置上的各外部管路。

注意:各输入和输出管路不要接错,同时要注意在连接过程中的清洁工作和管接头的紧固。

(5) 安装各防护罩和防护板。

(6) 固定好操作台,如果是能移动的操作台,则在连接时要保证移动自如、可靠。

五、机床的安装

机床放置于基础上,应在自由状态下找平,然后将地脚螺栓均匀地锁紧。对于普通机床,水平仪读数不超过 0.04/1 000 mm;对于高精度的机床,水平仪读数不超过 0.02/1 000 mm。在测量安装精度时,应在恒定温度下进行,测量工具需经一段定温时间后再使用。机床安装时应竭力避免使其产生强迫变形的安装方法。机床安装时不应随意拆下机床的某些部件,部件的拆卸可能导致机床内应力的重新分配,从而影响机床精度。

任务拓展

阅读材料——机床防振垫铁的使用方法和特点

机床垫铁可分为机床调整垫铁、机床减振垫铁、机床防振垫铁。机床防振垫铁如图3-2-7所示。

1. 机床防振垫铁的使用方法

（1）将垫铁放入机床地脚孔下，穿入螺栓，旋至和承重盘接触，然后进行机床的水平调节（螺栓顺时针旋转，机床升起）。

（2）调好机床水平后，旋紧螺母，固定其水平状态。

图3-2-7　机床防振垫铁

2. 机床防振垫铁特点

（1）防振垫铁可以有效地衰减机器自身的振动，减少振动外传，阻止振动的传入，保证加工尺寸精度及质量。

（2）防振垫铁可控制建筑结构谐振传播和噪声。使粗、精加工各类机床组成生产单元，适应物流技术的发展。

（3）机床安装不需设置地脚螺栓与地面固定，良好的减振和相当的垂直挠度使机床稳定于地面，从而节省安装费用，缩短安装周期。

（4）防振垫铁可根据生产随时调换机床位置，消除二次安装费用，使机床在楼上安装成为可能。

（5）防振垫铁可以调节机床水平，调节范围大、方便、快捷。防振垫铁胶垫采用合成橡胶，耐油脂和冷却剂。

任务练习

一、填空题

1. _____是指介于机床与地层（称为地基）之间的混凝土结构。

2. 机床安装基础的作用是_____，承受机床和工件的重力，_____和隔离外界振动对机床的影响。

3. 利用振动随距离的增大而衰减的原理来确定机床位置的隔振方式称为_____。

4. 利用振波不能通过固体和孔隙分界面的原理而设置波障（隔振沟）的隔振方式称为_____。

5. 在机床混凝土基础下铺设防振垫层或隔振材料，或将隔振元件置于基础下部，以形成低频隔振系统的隔振方式属于_____。

二、选择题

1. 机床放置于基础上，应在自由状态下找平，然后将地脚螺栓均匀地锁紧。对于普通机床，水平仪读数不超过（　　）mm。

　　A. 0.04/1 000　　　　B. 0.05/1 000　　　　C. 0.08/1 000　　　　D. 0.03/1 000

2. 机床放置于基础上，应在自由状态下找平，然后将地脚螺栓均匀地锁紧。对于高精度的机床，水平仪读数不超过（　　）mm。

　　A. 0.04/1 000　　　　B. 0.03/1 000　　　　C. 0.02/1 000　　　　D. 0.05/1 000

3. 在数控设备车间，数控车床设备和其他设备之间的距离至少为（　　）m。

　　A. 1~1.9　　　　　　B. 1~1.4　　　　　　C. 1~1.8　　　　　　D. 1~1.5

三、简答题

1. 数控机床安装位置要求有哪些？
2. 机床安装基础设计的主要步骤是什么？
3. 数控机床对安装基础的要求是什么？

任务二　数控系统的安装与调试

数控系统是数控机床核心部件之一，是数控机床的大脑，其通过各种连接线路与机床各部件之间进行信息交流，控制机床在正确的轨迹上工作，保证其精确生产产品。因此，数控系统的安装与调试十分重要，正确安装与调试好数控系统是实现精确控制的前提。

任务目标

（1）了解数控系统安装与调试的要求。
（2）掌握数控系统的安装步骤。
（3）掌握数控系统的调试步骤。
（4）掌握数控机床试车的注意事项。

任务描述

数控系统的安装与调试以及开机调试是机床能正常运转的保证，是在正式投产之前满足用户生产需求的前提。通过对本任务的学习可以掌握数控系统的安装与调试、试车等过程和步骤。数控系统连接示意图如图3-2-8所示。

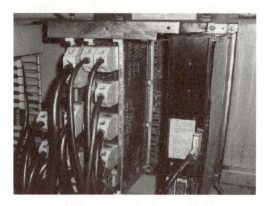

图 3-2-8 数控系统连接示意图

知识链接

数控系统只有通过连接相关线路才能够与数控机床的其他部分建立通信,从而进一步进行相关调试工作,为数控机床正常工作提供可靠的保障。典型国产数控系统如图 3-2-9 所示。

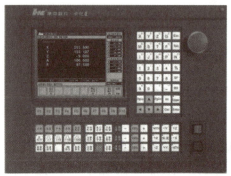 

图 3-2-9 典型国产数控系统

一、数控系统的连接与调试

数字控制系统简称数控系统,早期是与计算机并行发展演化,用于控制自动化加工设备的。由电子管和继电器等硬件构成具有计算能力的专用控制器称为硬件数控。20 世纪 70 年代以后,分离的硬件电子元件逐步由集成度更高的计算机处理器代替,称为计算机数控系统。然而,计算机数控系统同样必须进行正确的电路连接与参数设置才能使其正常工作。数控系统连接与调试的主要内容如下。

1. 信号电缆的连接

数控系统信号电缆的连接包括数控装置与 MDI/CRT 单元、电气柜、机床操作面板、进给伺服单元、主轴伺服单元、检测装置反馈信号线的连接等。数控系统地线的连接要正确,通电前还应进行电气检查。

2. 电源线的连接

数控系统电源线的连接是指数控系统电源变压器输入电缆的连接和伺服变压器绕组抽头

的连接。电源项目检查内容：输入电源电压的确认、输入电源频率的确认、电源电压波动范围的确认、输入电源相序的确认、内部直流电压波动范围的确认。

3. 系统参数的设定

（1）有关轴和设定单位的参数，如设定数控机床的坐标轴数、坐标轴名及规定运动的方向。

（2）各轴的限位参数。

（3）进给运动误差补偿参数，如直线运动反向间隙误差补偿参数、螺距误差补偿参数等。

（4）有关伺服的参数，如设定检测元件的种类、回路增益及各种报警的参数。

（5）有关进给速度的参数，如回参考点速度、切削过程中的速度控制参数。

（6）有关机床坐标系、工件坐标系设定的参数。

（7）有关编程的参数。

4. 数控系统与机床间的接口连接

现代的数控系统一般都具有自诊断功能，在 CRT 画面上可以显示出数控系统与机床接口以及数控系统内部的状态，可反映出 NC 到 PLC，PLC 到 MT 以及 MT 到 PLC，PLC 到 NC 的各种信号状态。用户可根据机床生产厂提供的梯形图说明书、信号地址表，并通过自诊断画面确认数控系统与机床之间的接口信号状态是否正确。

数控系统与机床间的接口连接应注意以下 13 点。

（1）请不要用湿手操作开关，否则可能导致触电事故；

（2）请不要弯折、损坏电缆，或对电缆施加压力，在电缆上放置重物，否则可能导致触电事故；

（3）请不要接入说明书所示以外的电压，否则会导致设备损坏或出现事故；

（4）请将电缆按指定插头进行连接，不正当的连接会损坏设备；

（5）在通电状态下，请不要拔插各单元间的连接电缆；

（6）机床及电气柜配线时，请将信号线与动力线/电力线分开；

（7）请不要将操作面板安装在冷却液能喷射到的位置；

（8）产品安装、使用时应注意通风良好，避免可燃气体和研磨液、油雾、铁粉等腐蚀性物质的侵袭，避免让金属、机油等导电性物质进入其中；

（9）CNC 要远离产生干扰的设备（如变频器、交流接触器、静电发生器、高压发生器以及动力线路的分段装置等），否则可能会影响数控系统的性能和寿命；

（10）机床必须配置可靠的接地装置，应当把所有金属部件接通于一点，并从此点接地，不良的接地会对数控系统造成干扰；

（11）对于控制箱的钥匙以及系统访问密码必须严格管理，严禁无关人员操作机床；

（12）只有经过专门培训的具有相应资格证书的电工、操作工才可以对机床进行操作和维护；

（13）各进给驱动电动机、主轴驱动电动机的动力线和反馈线直接接入驱动单元，不经过端子转接。

二、开机调试

数控机床正常运转工作之前，必须要进行完备的开机调试，将数控机床工作性能调整到最佳状态，发挥其最大生产能力，为用户创造更多价值。主要的开机调试项目如下。

1. 通电前的外观检查

（1）机床电器检查。打开机床电控箱，检查继电器、接触器、熔断器插座，伺服电动机速度控制单元插座，控制单元插座，主轴电动机速度控制单元插座等有无松动，如果有松动则应恢复正常状态，有锁紧机构的接插件一定要锁紧；有转接盒的机床一定要检查转接盒上的插座、接线有无松动，有锁紧机构的一定要锁紧。

（2）CNC 电箱检查。打开 CNC 电箱门，检查各类接口插座，如伺服电动机反馈线缆插座，主轴脉冲发生器插座，手摇脉冲发生器插座，CRT 插座等。如果有松动要重新插好，有锁紧机构的一定要锁紧。按照说明书检查各个 PCB 上的短路端子的设置情况，一定要符合机床生产厂设定的状态，确实有误的应重新设置。一般情况下无须重新设置，但用户一定要对短路端子的设置状态做好原始记录。

（3）接线质量检查。检查所有的接线端子，包括强弱电各部分在装配时机床生产厂自行接线的端子及各电动机电源线的接线端子，每个端子都要用旋具紧固一次，直到用旋具拧不动为止，各电动机插座一定要拧紧。

（4）电磁阀检查。所有电磁阀都要用手推动数次，以防止长时间不通电造成的动作不良。如果发现异常，应做好记录，以备通电后确认修理或更换。

（5）限位开关检查。检查所有限位开关动作的灵活及固定是否牢固，如果发现动作不良或固定不牢的应立即处理。

（6）操作面板上按钮及开关检查。检查操作面板上所有按钮、开关、指示灯的接线，如果发现有误的应立即处理，检查 CRT 单元上的插座及接线。

（7）地线检查。要求有良好的地线，接地电阻不能大于 100 Ω。

（8）电源相序检查。用相序表检查输入电源的相序，确保输入电源的相序与机床上各处标定的电源相序绝对一致。有二次接线的设备，如电源变压器等，必须确认二次接线的相序的一致性。要保证各处相序的绝对正确。此时，应测量电源电压，并做好记录。

2. 机床总电压的接通

（1）接通机床总电源，检查 CNC 电箱、主轴电动机以及机床电器箱的冷却风扇是否正常；检查润滑、液压等处的油位标志指示以及机床照明灯是否正常；检查各熔断器有无损坏，如果有异常则应立即断电检修，无异常则可继续进行后续调试内容。

（2）测量强电各部分的电压，特别是供 CNC 及伺服单元使用的电源变压器的初、次级电压，并做好记录。

（3）观察有无漏油，特别是刀架转塔转位、卡紧，主轴换挡以及卡盘卡紧等处的液压缸和电磁阀，如果有漏油则应立即断电修理或更换。

3. CNC 电箱通电

（1）按 CNC 电源通电按扭，接通 CNC 电源，观察 CRT 显示，直到出现正常画面。如果出现 ALARM 显示，则应该寻找故障并排除之后再重新送电检查。

（2）打开 CNC 电源，根据有关资料给出的测试端子的位置测量各级电压，有偏差的应调整到给定值，并做好记录。

（3）将状态开关置于适当的位置。例如，日本 FANUC 系统应放置在 MDI 状态，选择到参数页面。逐条逐位地核对参数，保证参数与随设备所带参数表相符合。如果发现参数不一致，则应确认参数含义后再决定是否修改。例如，如齿隙补偿的数值可能与参数表不一致，这在进行实际加工后可随时进行修改。

（4）将状态开关置于 JOG 位置，将点动速度调至最低挡，分别进行各坐标正、反方向的点动操作，同时用手按与点动方向相对应的超程保护开关，验证其保护作用的可靠性；然后，进行慢速的超程试验，验证超程撞块安装的正确性。

（5）将状态开关置于回零位置，完成回零操作，参考点返回的动作不完成就不能进行其他操作。因此，应首先进行本项操作，然后再进行第（4）项操作。

（6）将状态开关置于 JOG 位置或 MDI 位置，进行手动变挡试验，验证后将主轴调速开关置于最低位置，进行各挡的主轴正、反转试验，观察主轴运转的情况和速度显示的正确性，然后逐渐升速到最高转速，观察主轴运转的稳定性。

（7）进行手动导轨润滑试验，使导轨有良好的润滑。

（8）逐渐变化快速超调开关和进给倍率开关，随意点动刀架，观察速度变化的正确性。

4. MDI 试验

（1）测量主轴实际转速。将机床锁住开关置于接通位置，用手动数据输入指令，进行主轴任意变挡、变速试验，测量主轴实际转速，并观察主轴速度显示值，调整其误差限定在 5% 之内。

（2）进行转塔或刀座的选刀试验。检查刀座正、反转的正确性和定位精度准确性。

（3）功能试验。订货的情况不同，功能也不同，可根据具体情况对各个功能进行试验。为防止意外情况发生，最好先将机床锁住进行试验，然后解锁机床进行试验。

（4）EDIT 功能试验。将状态开关置于 EDIT 位置，编制简单程序，最大范围覆盖各种功能指令和辅助功能指令，移动尺寸以机床最大行程为限，同时进行程序的增加、删除和修改。

（5）自动状态试验。将机床锁住，用编制的程序进行空运转试验，验证程序的正确性，然后解锁机床，分别将进给倍率开关、快速超调开关、主轴速度超调开关进行多种变化，使机床在上述各开关的多种变化的情况下进行充分的运行，然后将各超调开关置于 100% 处，使机床充分运行，观察整机的工作情况是否正常。

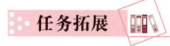

阅读材料——发那科 0i-MD 基本参数设定介绍

1. 基本参数设定

（1）系统 SRAM 全清。

（2）基本参数的设定内容如下。

全清之后在按下急停按钮的情况下，进行参数的设定调整，基本步骤和主要参数如表 3-2-2 所示。

表 3-2-2　基本步骤和主要参数

参数类别	参数内容及设置顺序
基本坐标轴参数	PRM_ 980＝0 或者 1 各路径隶属的机床组号（设定 0 默认为 1）
	PRM_ 981＝各轴所隶属的路径号（默认 0 为第 1 路径）
	PRM_ 982＝各主轴所隶属的路径号（默认 0 为第 1 路径）
	PRM_ 983＝无须设定（系统自动设定）
	PRM_ 1020＝各轴名称
	PRM_ 1022＝各轴在基本坐标系中的顺序
	PRM_ 1023＝各轴伺服轴 FSSB 连接顺序号
存储行程限位参数	PRM_ 1320＝各轴正向软限位
	PRM_ 1321＝各轴负向软限位
设定显示相关参数	PRM_ 3105#0＝1，3105#2＝1 显示主轴速度和加工速度
	PRM_ 3108#6＝1 显示主轴负载表
	PRM_ 3108#7＝1 显示手动进给速度
	PRM_ 3111#0＝1，3111#1＝1 显示"主轴设定"和"SV 参数"软按键
	PRM_ 3111#6＝1，3111#7＝1 运行监视画面和报警切换设置
初步设定进给速度参数	PRM_ 1420＝各伺服轴快速进给速度
	PRM_ 1423＝各伺服轴 JOG 运行速度
	PRM_ 1424＝各伺服轴手动快速速度
	PRM_ 1425＝300 各伺服轴回参考点的减速后速度
	PRM_ 1430＝各伺服轴最高切削速度

续表

参数类别	参数内容及设置顺序
初步设定 加、减速参数	PRM_ 1620 = 快速 G00 的加、减速时间常数
	PRM_ 1622 = 切削时的加、减速时间常数
	PRM_ 1624 = 20 JOG 或者手轮运行时，如果发现有冲击，可增大
伺服参数的设定 （伺服初始化）	在伺服设定中，分两步进行，首先设定半闭环下的参数，确保机械的正常运行；其次再调整为全闭环下的参数（全闭环的设定后续介绍）
	按"SV 参数"键，进入伺服设定画面，进行伺服初始化操作
	半径编程设定参数 1820 即 CMR = 2
	对于 0i-TD 或 0i-Mate-TD，X 轴直径编程时，仅需要将 1006#3 = 1 即可，而无须修改参数 1820 的值（0i-C，18i 系统则需要修改为 102）

任务练习

一、填空题

1. 数字控制系统简称_____，早期是与计算机并行发展演化，用于控制自动化加工设备的。由_____和_____等硬件构成具有计算能力的专用控制器的称为硬件数控。

2. 20 世纪 70 年代以后，分离的硬件电子元件逐步由集成度更高的计算机处理器代替，称为_____。

3. 计算机数控系统同样必须进行正确的_____连接与参数设置才能使其正常工作。

4. 数控系统_____的连接要正确，通电前还应进行电气检查。

5. 数控系统接口检查时请不要用_____操作开关，否则可能导致触电事故。

二、选择题

1. 数控系统信号电缆的连接包括数控装置与（ ）、主轴伺服单元、检测装置反馈信号线的连接等，这些连接必须符合随机提供的连接手册的规定。

   A. MDI/CRT 单元　　　　　　B. 电气柜

   C. 机床操作面板、进给伺服单元　　D. 以上均是

2. 进给运动误差补偿参数，如（ ）等。

   A. 直线运动反向间隙误差补偿参数、螺距误差补偿参数

   B. 直线运动反向间隙误差补偿参数

   C. 螺距误差补偿参数

   D. 以上均不是

3. 有关轴和设定单位的参数，如（ ）。

A. 设定数控机床的坐标轴数　　　B. 坐标轴名

C. 规定运动的方向　　　　　　　D. 以上均是

三、简答题

1. 系统参数的设定内容有哪些？
2. 数控系统与机床间接口连接的注意事项是什么？

项目三

电梯的安装调试与维护技术

  知识树

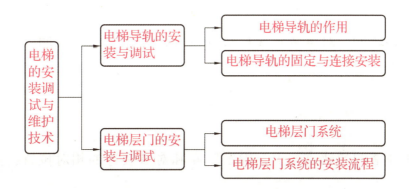

 任务一 电梯导轨的安装与调试

我国电梯产业虽然是在外资品牌的引领下逐步发展起来的,但是通过攻关电梯核心技术,借助整机零部件的加工配套或代工生产,技术储备不断深化,加工制造能力不断加强,已逐渐成熟。随着电梯产业的发展,在整机制造和零部件供应等环节均形成了一批竞争力较强的民族品牌电梯企业。民族品牌电梯企业市场的占有率不断提升,电梯的安装调试与维护的市场也随之在扩展。

电梯导轨分为轿厢导轨和对重导轨两个部分,导轨的尺寸参数与电梯的额定载重量和额定运行速度有关。导轨安装调试质量的优劣,决定电梯运行效果的好坏。

任务目标

(1) 了解电梯导轨的作用。
(2) 掌握电梯导轨的固定与连接方法。
(3) 掌握电梯导轨的检验与校正方法。

任务描述

在电梯安装现场,梯井墙面施工完毕,其深度、宽度、垂直度均符合要求,然后进行导轨的安装。通过对本任务的学习可了解导轨在电梯工作中的作用;知道导轨安装的工作流程;学会导轨支架的固定;掌握导轨的安装;掌握导轨及导轨距的校正。电梯导轨如图 3-3-1 所示。

图 3-3-1 电梯导轨

知识链接

电梯导轨为电梯轿厢、对重装置或梯级提供导向作用,承受轿厢、安全钳制动时的冲击力。

一、电梯导轨的分类及作用

导轨是安装在井道的导轨支架上,确定轿厢和对重装置的相对位置,并引导其运动的部件。

1. 导轨的分类

电梯导轨以其横截面的形状区分,常见的有 5 种,如表 3-3-1 所示。

表 3-3-1 常见的电梯导轨

类型	T 形	L 形	槽形	管形	空心导轨
图示					

按功能的不同可以将导轨分为轿厢导轨和对重导轨。

(1) 轿厢导轨:作为轿厢在竖直方向运动的导向,限制轿厢自由度。

(2) 对重导轨:作为对重在竖直方向运动的导向,限制对重自由度。

2. 导轨的作用

导轨是轿厢和对重装置运行的导向部件,其用压导板固定在导轨支架支承面上,导轨支架牢固地安装于井道壁上。当安全钳作用时,导轨能起支承轿厢及其负载或对重装置的作用。所以,导轨的安装质量对电梯运行性能有着直接关系。在安装时,应严格控制导轨支架和导轨的安装,重视导轨安装这一重要工序,以提高电梯安装质量。

二、电梯导轨的固定与连接安装

导轨的长度一般为 3~5 m,连接时以导轨端部的榫头与榫槽契合定位,底部用接导板固定。导轨连接时应将个别起毛的榫头、榫槽用锉刀略加修整;连接后,接头处不应存在连接缝隙。在对接处出现的台阶接头要求进行修光,技术要求如下。

（1）轿厢两列导轨的连接处不应在同一水平面上,如图 3-3-2 所示。

（2）当电梯撞顶蹲底时,各导靴均应不越出导轨。

（3）导轨工作表面应无磕碰、毛刺和弯曲,每根导轨的直线度误差不大于其长度的 1/6 000;单路导轨对安装基准线每 5 m 的偏差不应大于下列数值：轿厢导轨和装有对重安全钳的对重导轨为 0.6 mm;不设安全钳的对重导轨为 1.0 mm。

（4）导轨的直线度应不大于 1%,单根导轨全长偏差不大于 0.7 mm,不符合要求的应要求厂家更换或自行调直。

（5）采用油润滑的导轨,应在立基础导轨前,在其下端加一个距底坑地坪高 40~60 mm 的水泥墩或钢墩,或将导轨下面的工作面的部分锯掉一截,留出接油盒的位置。

（6）导轨应用压导板固定在导轨支架上,不应焊接或用螺栓直接连接;每根导轨必须有两个导轨支架;最高端与井道顶距离 50~100 mm。

（7）吊装导轨时应用 U 形卡固定住接导板,吊钩应采用可旋转式,以消除导轨在提升过程中的转动,旋转式吊钩可采用推力轴承自行制作。

（8）若采用人力吊装,则尼龙绳直径应大于或等于 16 mm。

（9）导轨的凸榫头应朝上,便于清除榫头上的灰渣,确保接头处的缝隙符合规范要求。

（10）导轨与导轨的连接,如图 3-3-3 所示,轿厢导轨安装好后再安装对重导轨。

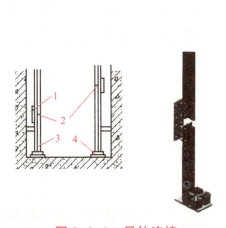

图 3-3-2 导轨连接
1—连接板；2—接口处；
3—底导轨；4—导轨基座

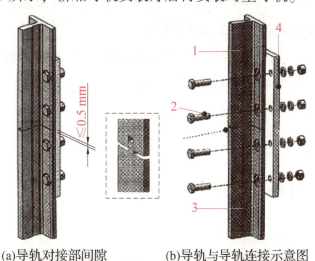

(a)导轨对接部间隙　(b)导轨与导轨连接示意图

图 3-3-3 导轨与导轨连接
1—导轨一；2—螺栓；3—导轨二；4—导轨连接板

阅读材料——电梯井道施工防护

在电梯井口施工时,为了不发生人员坠落的事故,需要对周边进行安全防护。具体的防护措施如下。

(1) 在工地电梯井道外部要严格按照安全技术强制性标准要求安装电梯井道防护措施,电梯井口需要安装防护栏或安全防护门,防护栏和安全防护门要做到定型化、工具化,高度在 1.5~1.8 m 之间。井道安全门使用效果如图 3-3-4 所示。

(2) 电梯井道内必须在正、负、零层楼面设置首道安全网,上部每隔两层且最多 10 m 需加设一道安全网。安全网的质量必须符合 GB/T 5725—2009《安全网》的要求,安全网在安装前必须按照相关规定进行检验。在拆卸或安装井道内安全网时,作业人员需按规定佩戴安全带,在楼层和屋面短边尺寸大于 1.5 m 的孔洞周边需设置符合规定的防护栏杆,底部加设安全网。

图 3-3-4　井道安全门使用效果

(3) 在电梯井口开口处需设置符合国家标准规定的安全警示标志,安全警示标志颜色需鲜明、醒目,夜间应设置红灯示警。

(4) 电梯井口的防护栏杆和门栅需要喷涂黑黄相间的条纹标示,并按照《建筑施工高处作业安全技术规范》进行制作。

(5) 如果电梯井口防护设施需临时变动或拆除,则应上报项目负责人以及安全员签字通过后方可实施,在拆除或变动前应做好应对措施,同时告知现场所有施工人员,以防发生意外事故。

任务练习

一、填空题

1. 电梯导轨为电梯轿厢、对重装置或梯级提供_____,承受轿厢、安全钳制动时的冲击力。

2. 导轨是安装在井道的_____上,确定轿厢和对重装置的相对位置,并引导其运动的部件。

3. 电梯导轨以其横截面的形状区分，常见的有 5 种。按功能的不同可以将导轨分为_____和_____。

4. 轿厢导轨：作为轿厢在竖直方向运动的导向，限制_____自由度。

5. 导轨是轿厢和对重装置运行的导向部件，其用压导板固定在导轨支架_____上，导轨支架牢固地安装于井道壁上。

6. 导轨的凸榫头应_____，便于清除榫头上的灰渣，确保接头处的_____符合规范要求。

二、选择题

1. 采用油润滑的导轨，应在立基础导轨前，在其下端加一个距底坑地坪高（　　）mm 的水泥墩或钢墩，或将导轨下面的工作面的部分锯掉一截，留出接油盒的位置。

　　A. 40～65　　　　B. 40～60　　　　C. 45～60　　　　D. 40～67

2. 导轨应用压导板固定在导轨支架上，不应焊接或用螺栓直接连接；每根导轨必须有两个导轨支架；最高端与井道顶距离（　　）mm。

　　A. 50～100　　　B. 50～105　　　C. 55～100　　　D. 50～90

3. 若采用人力吊装导轨，则尼龙绳直径应大于或等于（　　）mm。

　　A. 12　　　　　　B. 10　　　　　　C. 16　　　　　　D. 15

三、简答题

1. 导轨的作用是什么？
2. 导轨的分类有哪些？

任务二　电梯层门的安装与调试

电梯门系统的机械部分由轿门、层门和开关门机构组成，是电梯设备的重要安全设施之一。层门系统是乘用人员乘用电梯时首先接触的部件，其外观和开、关门效果的好坏会给乘用人员留下深刻的第一印象。

任务目标

（1）掌握层门地坎的安装步骤及方法。
（2）掌握门套、门导轨的安装步骤及方法。
（3）掌握门头板、门扇的安装步骤和方法。

任务描述

某电梯安装工地,层门门洞已检查修整完毕,根据工程进度,现在可以进行层门设备的安装,如图3-3-5所示。通过对本任务的学习,可以了解门厅系统的组成;知道门厅系统的安装步骤;掌握层门地坎的安装、门套和上坎架的安装、层门的安装、自动关闭装置的安装、层门门锁的安装方法。

图3-3-5 某工地电梯层门安装调试场景

知识链接

在电梯正常运行状态下,层门与轿门的开和关是通过装设在轿门上的门刀和装设在层门上的门锁实现同步开关的。常见的门类有中分门、中分双折门、中分三折门、旁开门(分左开和右开),一般情况下中分门的开门宽度只能做到1 200 mm,所以客梯主要是中分门;中分双折门和中分三折门宽度可以做得很大,故主要用于载货电梯。

一、电梯层门系统

电梯门分为层门和轿门。层门装在建筑物每层停站的门口,挂在层门地坎上。

层门系统由层门、地坎、安装支架、门套等部件组成,如图3-3-6所示。层门系统是设置在井道层站入口的门系统,层门系统中门锁和层门自动关闭装置的可靠性在安装时一定要给予高度重视。

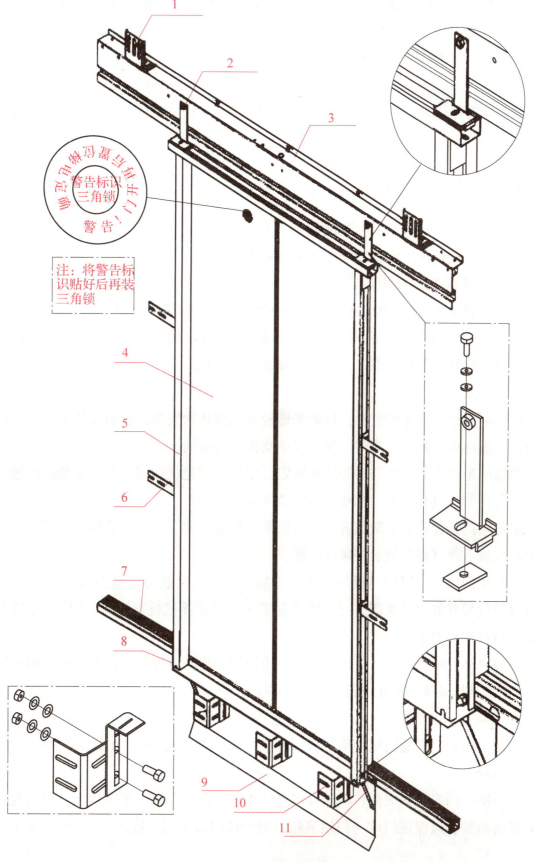

图 3-3-6 层门系统

1—安装支架；2—门套连接件；3—层门装置；4—层门；5—门套；
6—门套固定支架；7—地坎；8—挡泥板；9—护脚板；10—地坎支架；11—加强筋

层门应具有一定的机械强度。当门在关闭位置时，用 300 N 的力垂直地施加于门上任何一个面的任何部位处（使这个力均匀地分布在 5 cm² 的圆形或方形区域内），应能满足无永久变形、弹性变形不大于 15 mm、动作性能良好。

为能经受住进入轿厢载荷的通过，每个停站层门入口处都应装设一个具有足够强度的地坎，地坎前面应有稍许坡度，以防洗刷、洒水时水流入井道。层门的上部和下部都应设有导向装置。

二、电梯层门系统的安装流程

层门安装前，从上样板架上标注的层门两侧净宽和中心点处，悬挂铅垂线并固定在下样板架上，用导轨精校板作定位基准校正 3 条铅垂线。

1. 层门地坎安装工装的制作

层门地坎安装工装需长 150 mm 的 75 mm×75 mm 角钢两根，长 500 mm 的 50 mm×50 mm 角钢两根，长 200 mm 的 40 mm×40 mm 角钢两根，厚 5 mm 的 30 mm×150 mm 钢板两块，采用焊接的方式制作这种工具可以很好、很快地安装层门地坎。

2. 层门系统安装

（1）定位层门地坎支架的位置，打膨胀螺栓并固定地坎支架，然后安装挡泥板。挡泥板的作用是防止在做地面装修时浇注的混凝土或杂物掉入井道内。

（2）将层门地坎安装工装与轿厢地坎固定，定位层门地坎位置，然后安装层门地坎。

（3）安装门套（含门立柱、门楣及固定支架）。

（4）定位层门装置安装支架位置，打膨胀螺栓固定支架，然后安装层门装置，并定位层门装置的中心位置，调整好位置后将螺栓拧紧。

（5）安装层门门板，层门门板的封头由于加工误差，可能会造成封头的折弯角不是 90°。这时，可以通过配置的垫片来调整门板的垂直度（层门装置挂板与层门之间），然后安装门导靴，调整好后将螺栓固定。

（6）安装重锤及重锤导管、三角锁，调节重锤钢丝绳防跳螺栓，使其距重锤钢丝绳距离为 1～2 mm。重锤钢丝绳防跳螺栓位置如图 3-3-7 所示。

3. 层门安装的技术要求

（1）层门关闭后，检查门锁锁钩啮合深度应不小于 7 mm，只有在此深度条件下门锁安全触点才允许接通。

（2）每一层层门安装完成后，都要检查层门中心是否处在同一条直线上，对出现偏差的层门应及时进行调整，以保证门球（门锁滚轮）处于两门刀中间位置。

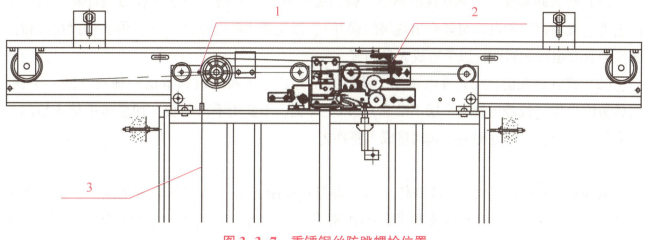

图 3-3-7　重锤钢丝防跳螺栓位置

1—钢丝绳防跳螺栓（距重锤钢丝绳 1~2 mm）；2—钢丝绳绳头固定点（门挂板对应圆孔）；3—重锤钢丝绳

阅读材料——正确使用电梯门

一般客梯（包括客、货两用梯）采用开关门速度快的中分式水平滑动门，如图 3-3-8 所示；部分货梯、医梯因对重侧置，采用侧开门；大型货梯及汽车用梯采用上开门或垂直上、下开门。

图 3-3-8　中分式水平滑动门

1. 正确操作

层、轿厢门打开后数秒即自动关闭。若需要延迟关闭轿厢门，则可按住轿厢内操纵盘上的开门按钮；或者在厅门外按下相同方向的外呼按钮。若需立即关闭轿厢门，则可按动关门按钮。

（1）进入轿厢前，应先确认电梯层、轿门完全开启，看清轿厢是否在该层停稳，切忌匆忙迈进（故障严重的电梯可能会出现层门误开），以免造成坠落事故。切忌将头伸过层、轿门面或伸入井道窥视轿厢，以免造成人身伤害。

（2）进入轿厢前，应先等电梯层、轿门完全开启，轿厢地板和本层的地板在同一平面，切忌匆忙举步（故障电梯会平层不准确），以免绊倒。不要用手扶门板，切忌将手伸入轿门与井道的缝隙处，以免电梯突然起动造成人身伤害。

2. 错误操作

电梯层、轿门欲关闭时，用身体、手、脚等直接阻止关门动作是非常危险的。虽然在大部分情况下层、轿门会在安全保护装置的作用下自动重新开启，但是门系统安全盲区或门系统发生故障时会造成严重后果。

任务练习

一、填空题

1. 在电梯正常运行状态下，层门与轿门的开和关是通过装设在_____上的门刀和装设在层门上的门锁实现同步开关的。
2. 常见电梯的门类有中分门、_____、中分三折门、旁开门（分左开和右开）。
3. 中分双折门和中分三折门宽度可以做得很大，故主要用于_____。
4. 层门装在建筑物每层停站的门口，挂在_____上。
5. 层门系统是设置在井道_____入口的门系统。

二、选择题

1. 一般情况下中分门的开门宽度只能做到（　　）mm。

   A. 1 100　　　　B. 1 200　　　　C. 1 250　　　　D. 1 300

2. 层门应具有一定的机械强度。当门在关闭位置时，用300 N的力垂直地施加于门上任何一个面的任何部位处，应能满足无永久变形、弹性变形不大于（　　）mm、动作性能良好。

   A. 15　　　　　B. 16　　　　　C. 14　　　　　D. 18

三、简答题

1. 层门安装的技术要求有哪些？
2. 层门系统的安装步骤是什么？

项目四

工业机器人的安装调试与维护技术

知识树

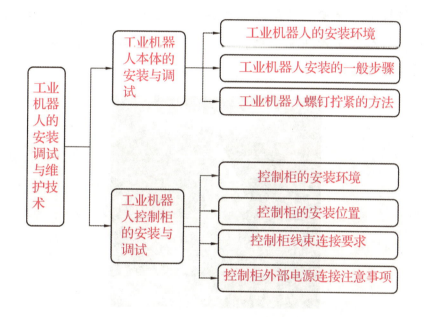

任务一　工业机器人本体的安装与调试

目前，我国已能够生产出部分机器人关键元件，开发出弧焊、点焊、码垛、装配、搬运、注塑、冲压、喷漆等工业机器人。一批国产工业机器人已服务于国内诸多企业的生产线上，一批机器人技术的研究人才也涌现出来，某些关键技术已达到或接近世界水平，我国正在向机器人制造强国迈进。随着我国工业机器人应用市场的扩大，工业机器人的安装调试与维护显得尤为重要。

工业机器人是面向工业领域的多关节机械手或多自由度的机器装置，它能自动执行工作，是靠自身动力和控制能力来实现各种功能的一种机器，其控制精度和工作精度都比较高，属于精密设备。因此，工业机器人对于安装与调试的要求比较高。

任务目标

(1) 了解工业机器人本体安装环境要求。
(2) 掌握工业机器人本体安装的一般步骤。
(3) 掌握工业机器人螺钉拧紧的常用方法。

任务描述

随着工业机器人应用的进一步推广，各行业对工业机器人的要求越来越高，故工业机器人本体的安装调试显得尤为重要。典型工业机器人如图3-4-1所示。通过对本任务的学习，学生能够了解工业机器人的安装环境要求，掌握工业机器人本体安装的一般步骤以及相关注意事项，正确使用相关工具。

图 3-4-1 典型工业机器人

知识链接

工业机器人是精度较高的设备，安装环境对其使用精度和使用寿命都有较大的影响，因此必须为其选择达标的安装环境。

一、工业机器人的安装环境

工业机器人作为精密设备，必须工作在较为整洁的环境中，否则容易发生故障，不利于其使用寿命的延长和工作效率的提高。而且从工作的角度来说，场地宽敞利于安全生产。

工业机器人对安装环境的常见要求如下。

(1) 环境温度：工作温度为 0 ℃ ~45 ℃，运输储存温度为 -10 ℃ ~60 ℃。
(2) 相对湿度：20%~80%RH。

(3) 动力电源：三相 AC 200/220 V（-15%～+10%）。

(4) 接地电阻：小于 100 Ω。

(5) 机器人工作区域需有防护措施（安全围栏）。

(6) 灰尘、泥土、油雾、水蒸气等必须保持在最小限度。

(7) 没有易燃、易腐蚀液体或气体。

(8) 设备安装要求要远离撞击和震源。

(9) 附近不能有强的电子噪声源。

(10) 震动等级必须低于 0.5G（4.9 m/s²）。

二、工业机器人安装的一般步骤

工业机器人安装的一般步骤如下。

(1) 借助叉车或者吊车将机器人本体和控制器吊装到位。

(2) 按照要求连接机器人本体和控制器之间的电缆。机器人与控制柜的连接主要是电动机动力电缆与转数计数器电缆、用户电缆的连接。

(3) 按照要求正确连接示教器和控制器。

(4) 按照机器人要求规格接入主电源。

(5) 检查主电源正常后，上电开机。

(6) 校准机器人 6 个轴的机械零点。

(7) 设定机器人的输入、输出信号。

(8) 安装机器人相对应工作环境所需的工具和周边设备。

(9) 对机器人进行编程调试，检查机器人的功能。

(10) 在机器人的功能确定无误后投入生产运行。

三、工业机器人螺钉拧紧的方法

工业机器人拧紧螺钉的方法主要有两类，分别是弹性拧紧和塑性拧紧。弹性拧紧一般指扭矩拧紧法，塑性拧紧主要包括转角拧紧法、屈服点拧紧法等。拧螺钉示意图如图 3-4-2 所示，具体方法如下。

图 3-4-2 拧螺钉示意图

1) 扭矩拧紧法

扭矩拧紧法的原理是扭矩大小和轴向预紧力之间存在一定关系。通过将拧紧工具设置到某个扭矩值来控制被连接件的预紧力。在工艺过程、零件质量等因素稳定的前提下，该拧紧方式操作简单、直观，目前被广泛采用。

根据经验，在拧紧螺钉时，有 50% 的扭矩消耗在螺钉端面的摩擦上，有 40% 消耗在螺纹的摩擦上，仅有 10% 的扭矩用来产生预紧力。由于外界不稳定条件对扭矩拧紧法的影响很大，所以通过控制拧紧扭矩间接地实施预紧力控制的扭矩拧紧法将导致对轴向预紧力控制精度低。

2）转角拧紧法

鉴于扭矩拧紧法存在的不足，美国在20世纪40年代末开始研究螺钉伸长和轴向力的关系。螺钉拧紧时的旋转角度与螺钉伸长量和被拧紧件松动量的总和大致成比例关系，因而可采取按规定旋转角度来达到预定拧紧力的方法。首先将螺钉拧紧到起始力矩，即将螺钉拉伸到接近屈服点，然后再旋转一定的角度，将螺钉拉伸到塑性区域。

转角拧紧法的实质是控制螺钉的伸长量，在弹性范围内轴向预紧力与伸长量成正比，控制伸长量就是控制轴向力。螺钉开始塑性变形后，虽然两者已不再成正比关系，但螺钉受拉伸时的力学性能表明，只要保持在一定范围以内，轴向预紧力就能稳定在屈服载荷附近。与扭矩拧紧法相比，转角拧紧法不仅高精度地完成了对拧紧的控制，而且充分提高了材料的利用率。

3）屈服点拧紧法

屈服点拧紧法的理论目标是将螺钉拧紧到刚过屈服极限点。采用屈服点拧紧时，首先将螺钉拧紧到某一个规定的起始力矩，从这点开始，设备监控拧紧曲线的斜率值的变化，如果斜率下降到超过了设定值，那么就认为把螺钉拉伸到了屈服点，此时工具停止运行。

屈服点拧紧法最大的优点是将摩擦系数不同的螺钉都拧紧到其屈服点，最大限度地发挥了螺纹件强度的潜力，但是它对干扰因素比较敏感，同时对螺钉的性能及结构设计要求极高，故其控制难度较大。

任务拓展

阅读材料——协作机器人简介

基于"安全"考虑，目前工业机器人市场上逐渐兴起了一种新型机器人——协作机器人，"人机协作"成为人们关注的焦点。

协作机器人是指被设计成可以在协作区域内与人直接进行交互的机器人，如图3-4-3所示，它能够直接和人类一起并肩工作而无须使用安全围栏进行隔离。协作区域即为机器人和人类可以同时工作的区域。

与传统工业机器人相比，协作机器人具有以下特点。

1）相对传统机器人，协作机器人成本低

协作机器人的价格普遍较低，成本回收的时间也较短，同时其轻巧性简化了其安装过程，也增添了更多移动的弹性，对于空间的需求也大幅度降低。并且，传统工业机器除了对自身

图3-4-3 协作机器人

的设计要求之外还需要对机器人进行特定的配置和进行机器人编程，因此，机器人自动化生产线往往需要系统集成商根据用户现场的实际情况提供解决方案，于是一条机器人自动化生产线的成本就大大提高了。而且，机器人一旦发生故障会影响整个生产线的工作情况，由此产生更多费用。如今，新兴行业产品特点逐渐向"小批量、多品种"转变，其对于机器人的灵活性要求很高，协作机器人的柔性特点刚好可以应对这一市场需求。

2）传统工业机器人无法满足中、小企业需求

传统工业机器人的目标市场是可以进行大规模生产的企业。协作机器人的研发是为了提升中、小企业的劳动力水平，降低成本，提高竞争力。目前，中、小企业是机器人新兴市场的主要客户。

有能力进行大规模生产的企业，其对机器人系统高额的部署费用相对不敏感。因为在产品定型之后，在足够长的时间内生产线可以不做大的变动，机器人基本不需要重新编程或者重新部署。而中、小企业则不一样，它们的产品一般以小批量、定制化、短周期为特征，没有太多的资金对生产线进行大规模改造，并且对产品的 ROI 更为敏感。

3）协作机器人能直接与人交互，安全性高

传统工业机器人一直以来都是高精度、高速度自动化设备的典范，但由于历史和技术原因，与人在一起时的安全性不是机器人发展的重点，因此在绝大多数工厂中出于安全性考虑，一般都要使用安全围栏把机器人和操作人员进行隔离。而协作机器人却不一样，它能直接与人进行交互，能够直接与人工作而无须设置安全围栏，故其安全性高。

人类负责对柔性、触觉、灵活性要求比较高的工序，机器人则利用其快速、准确的特点来负责重复性的工作。

任务练习

一、填空题

1. 工业机器人是精度较高的设备，_____对其使用精度和使用寿命都有较大的影响。
2. 扭矩拧紧法的原理是扭矩大小和_____之间存在一定关系。
3. 屈服点拧紧法的理论目标是将螺钉拧紧到刚过_____。
4. 转角拧紧法的实质是控制螺钉的_____，在弹性范围内_____与伸长量成正比，控制伸长量就是控制轴向力。
5. 屈服点拧紧法对螺钉的____及_____要求极高，故其控制难度较大。
6. 工业机器人作为精密设备，必须工作在较为整洁环境中，否则容易发生故障，不利于其使用_____和_____。

二、选择题

1. 工业机器人对环境温度的要求是工作温度为（   ），运输储存温度为-10 ℃～60 ℃。
   A. 0～45 ℃　　　　　B. 0～49 ℃　　　　　C. 10～45 ℃　　　　　D. 0～40 ℃

2. 工业机器人受到的震动等级必须低于（　　）G。
A. 1.0　　　　　B. 0.8　　　　　C. 0.5　　　　　D. 0.4
3. 工业机器人接地电阻：小于（　　）Ω；
A. 120　　　　　B. 150　　　　　C. 90　　　　　D. 100

三、简答题

1. 工业机器人对安装环境常见的要求是什么？
2. 工业机器人安装的一般步骤是什么？

任务二　工业机器人控制柜的安装与调试

工业机器人控制器是影响机器人性能的关键部分之一，决定工业机器人的控制精度，影响工业机器人的发展。控制器安装在工业机器人控制柜中，通过各种线路与工业机器人本体之间进行信息交流。正确连接线路是工业机器人本体与控制柜之间信息交流至关重要的前提。

任务目标

（1）了解工业机器人控制器的安装环境要求。
（2）掌握工业机器人控制柜的安装位置要求。
（3）掌握工业机器人控制柜的线束安装要求及其步骤。
（4）掌握工业机器人控制柜外接电源要求及其步骤。

任务描述

工业机器人控制柜承载着工业机器人的核心部件，所处环境直接影响工业机器人的运行状态，如图3-4-4所示。通过对本任务的学习，学生能够掌握控制柜安装环境和位置的选择，掌握控制柜的线束安装的相关要求等知识，掌握机器人控制器连接相关注意事项及要求，提高控制柜连接安装的效率和准确性。

图3-4-4　工业机器人控制柜

> 知识链接

工业机器人控制柜是集电气以及电力电子于一体的控制系统，周围环境对控制系统运行的稳定性有着非常大的影响。因此，要为控制柜选择合适的安装环境。

一、控制柜的安装环境

控制柜安装环境要求如下。

（1）环境温度：周围环境温度对控制柜使用寿命有很大影响，不允许控制柜的工作环境温度超过其允许温度范围（-10 ℃ ~ 45 ℃）。

（2）将控制器垂直安装在控制柜内的阻燃物体表面上，周围要有足够的空间散热。

（3）将控制柜安装在不易振动的地方；震动等级应不大于 0.6 G；特别注意要远离冲床等设备。

（4）避免装于阳光直射、潮湿、有水珠的地方。

（5）避免装于空气中有腐蚀性、易燃性、易爆性气体的场所。

（6）避免装在有油污、粉尘的场所，安装场所污染等级为 PD2。

（7）IMC100R 系列产品为机柜内的安装产品，需要安装在最终系统中使用，最终系统应提供相应的防火外壳、电气防护外壳和机械防护外壳等，并符合当地法律法规和相关 IEC 标准要求，如图 3-4-5 所示。

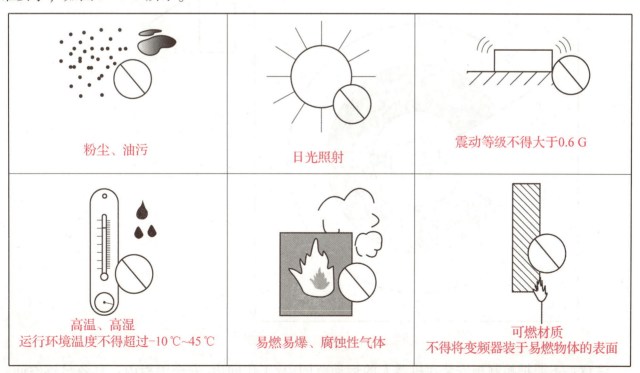

图 3-4-5 IEC 标准

控制柜具体环境要求如表3-4-1所示。

表3-4-1 具体环境要求

项目	描述
使用环境温度	−10 ℃ ~ 45 ℃
使用环境湿度	90%RH 以下（不结露）
储存温度	−20 ℃ ~ 85 ℃（不冻结）
储存湿度	90%RH 以下（不结露）
震动	4.9 m/s² 以下
冲击	19.6 m/s² 以下
防护等级	IP20

二、控制柜的安装位置

控制柜安装位置要求如下。

（1）安装位置位于与机器人手臂（带工具和工件）的运动范围外相距至少1 m 的安全围栏的外侧，如图3-4-6所示。

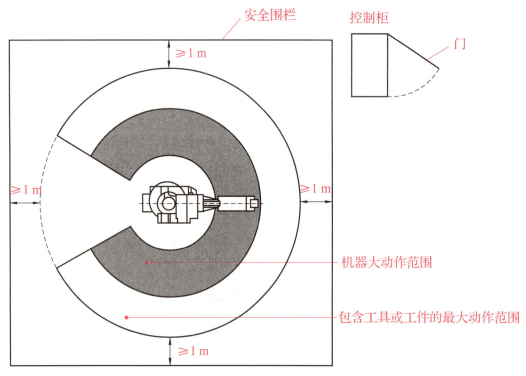

图3-4-6 安装位置示意图

注意：不要把控制柜安装在机器人的运动范围内/工作间内/安全围栏内；具备足够空间，以便在维修时能进入控制柜；安全围栏上，安装带有安全插销的门。

(3) 控制柜应该安装在能看清机器人动作的位置。

(4) 控制柜应该安装在便于打开门检查的位置。

(5) 安装控制柜至少要距离墙壁 500 mm，以保持维护通道畅通。

三、控制柜线束连接要求

连接机器人手臂和控制柜线束时，务必严格遵守下列注意事项：

(1) 为了防止由电击引起的事故，直到机器人手臂和控制柜线束的连接完毕，才可以连接外部电源。

(2) 连接线束时要小心。务必要使用正确的线束；用错线束、过分用力、连错接头将可能破坏连接器或导致电气系统故障。

(3) 请使用管道、电缆槽等，防止人员或设备（如叉车等）踩上或碾压这些信号和动力线束；否则，未受保护的线束可能会因电气系统的故障而被损坏。

(4) 把机器人线束与其他高压线分开（至少 1 m 以上的距离）。排布时既要避免和其他动力线束一起捆扎，又要避免并行走线，以免动力线束之间产生的干扰导致故障。

(5) 即使线束长，也请勿将其卷起、折弯捆扎。一旦捆扎线束，其将发热并积热不散，从而导致线束过热，电缆损伤甚至引发火灾。

四、控制柜外部电源连接注意事项

在连接控制柜外部电源时，请务必严格遵照如下注意事项：

(1) 电源开关打开着连接外部电源是极端危险的，将会导致触电等事故发生。开始连接外部电源前，请确认外部电源是断开的。为防止外部电源被误开，请在所有的断路器上放置清晰的标志，指明连接工作正在进行中；或者，在断路器前指派一个监督员，直到所有的连接工作完成。

(2) 请确认外部电源是否满足铭牌板和断路器侧面所贴标签中记载的规格要求。

(3) 为防止电气干扰和触电，请把控制柜接地。

(4) 请使用专用接地线 （<100 Ω），其尺寸大于等于规定的电缆尺寸（3.5~8.0 mm^2）。

(5) 不与要焊接的工件或其他机器（焊接器等）共接地线。

(6) 弧焊时把焊接电源的负极接到治具上或者直接连到要焊接的工件上。机器人机身和控制器要绝缘，不要共用接地线。

(7) 在打开控制柜的外部电源前，请务必确认电源接线完毕和所有的保护盖已经正确地安装上，否则会导致触电。

(8) 外部电源应符合控制柜规格要求，包括电源瞬间中断、电压波动、电源容量等指标。如果电源中断或电压超出或低于控制柜规定的范围，则电源监视电路将会激活电源断开，并报出故障。

(9) 如果外部电源有大量的电气干扰，请使用干扰滤波器来减少干扰。

(10) 机器人电动机的 PWM 噪声也有可能影响低噪声阻抗的设备，从而导致误动作。请事先确认附近没有那样的设备。

（11）为控制柜安装一个专用外部电源断路器；不要和焊接设备共用断路器。

（12）为防止外部电源端发生短路或意外漏电，请安装接地漏电断路器（请使用感应度为 100 mA 以上的延时型断路器）。

（13）如果从外部电源来的雷电涌等浪涌电压可能会增高的话，将通过安装突波吸收器来降低浪涌电压等级。

（14）有些装置/结构容易受 PWM 噪声干扰，要注意防范。例如，直接跨在动力线上的接近开关等。

阅读材料——IRC5 系统介绍

采用模块化设计的 IRC5 控制器是 ABB 公司推出的第五代机器人控制器，外观如图 3-4-7 所示，它标志着机器人控制技术领域的一次重大进步与革新。促成这一重大革新的不仅仅是 IRC5 能够通过 MultiMove 这一新功能控制多达 4 台完全协调运行的机器人，而且还因为其具有创新意义的模块化设计，将各种功能进行了逻辑分割，最大限度地降低了模块间的相互依赖性。除此之外，IRC5 控制器的特性还包括配备完善的通信功能、实现了维护工作量的最小化、具有高可靠性（平均无故障工作时间达 80 000 h）以及采用创新设计的新型开放式系统、便携式界面装置示教器。

IRC5 控制器（灵活型控制器）由一个控制模块和一个驱动模块组成，可选增一个过程模块以容纳定制设备和接口，如点焊、弧焊和胶合等。配备这 3 种模块的灵活型控制器完全有能力控制一台 6 轴机器人外加伺服驱动工件定位器及类似设备。如果需增加机器人的数量，则只需为每台新增机器人增装一个驱动模块；还可选择安装一个过程模块，最多可控制 4 台机器人在 MultiMove 模式下作业。各模块间只需要两根连接电缆，一根为安全信号传输电缆，另一根为以太网连接电缆，供模块间通信使用，模块连接简单易行。

图 3-4-7　IRC5 外观

每个模块，无论属于何种类型，均可安装在采用相同设计和尺寸一致的机箱内，机箱占地面积为 700 mm×700 mm，高度为 625 mm。机箱底座面积相同，采用直边设计及简单的双电缆连接方式，实现了模块布置上的全面灵活性。各个模块既可垂直叠放，以尽可能减小占地面积，也可并排放置；甚至可以以最大 75 m 的间距进行分布式布置。采用后一种布局还可确保各个模块处于最佳运行位置。例如，可将控制模块机箱放置在中央区域，将驱动模块和过程模块机箱靠近机器人工作站摆放。另外，模块间相互依赖性已达到最小化，各个模块均自带计算机、电源和标准以太网通信接口，因此可以在对其他模块干扰程度最低的情况下更换、调换、升级或再装配。

控制模块作为IRC5的心脏，自带主计算机，能够执行高级控制算法，为多达36个伺服轴进行MultiMove路径计算，并且可指挥4个驱动模块。控制模块采用开放式系统架构，配备基于商用Intel主板和处理器的工业PC机以及PCI总线。

大部分部件通过前开式铰链门即可方便地维护，铰链门采用防尘密封装置，机箱满足IP-54防护等级。机箱中的所有装置无须断开电缆即可装卸。只有变压器和冷却风扇需要通过机箱后盖才可操作。冷却风扇模块采用卡扣式固定装置，便于更换。

任务练习

一、填空题

1. 工业机器人控制柜是集_____以及_____于一体的控制系统，_____对控制系统运行的稳定性有着非常大的影响。因此，要为控制柜选择合适的安装环境。
2. 将控制器垂直安装在控制柜内的阻燃物体表面上，周围要有足够的_____散热。
3. 不要把控制器安装在机器人的_____/_____/安全围栏内。
4. 为了防止由电击引起的事故，直到机器人手臂和控制柜线束的连接完毕，才可以连接_____。
5. 在打开控制柜的外部电源前，请务必确认电源_____和所有的_____已经正确地安装上，否则会导致触电。
6. 如果外部电源有大量的电气干扰，请使用_____来减少干扰。

二、选择题

1. 安装控制柜至少要距离墙壁（ ）mm，以保持维护通道畅通。
   A. 500　　　　　B. 450　　　　　C. 510　　　　　D. 550
2. 控制柜的环境温度：周围环境温度对控制器寿命有很大影响，不允许控制器的运行环境温度超过允许温度范围（ ）。
   A. -20 ℃~45 ℃　　　　　B. -10 ℃~50 ℃
   C. -15 ℃~45 ℃　　　　　D. -10 ℃~45 ℃
3. 控制柜安装在不易振动的地方。振动等级应不大于（ ）G，特别注意远离冲床等设备。
   A. 0.6　　　　　B. 0.7　　　　　C. 0.5　　　　　D. 0.9

三、简答题

1. 控制柜安装环境要求有哪些？
2. 控制柜安装位置原则是什么？
3. 控制柜线束连接要求有哪些？

参考文献

[1] 张建杰. 机电一体化设备安装与调试 [M]. 上海：华东师范大学出版社，2018.

[2] 孙爱萍. 工业设备安装技术 [M]. 北京：化学工业出版社，2018.

[3] 许光驰. 机电设备安装与调试 [M]. 4版. 北京：北京航空航天大学出版社，2019.

[4] 钟翔山. 机械设备维修全程图解 [M]. 2版. 北京：化学工业出版社，2019.

[5] 王兴东. 机电一体化设备安装与调试 [M]. 北京：中国铁道出版社，2020.

[6] 蒋正炎. 工业机器人工作站安装与调试（ABB）[M]. 北京：机械工业出版社，2017.

[7] 王丽芬，刘杰. 机械设备维修与安装 [M]. 2版. 北京：机械工业出版社，2018.

[8] 张忠旭. 机械设备安装工艺 [M]. 2版. 北京：机械工业出版社，2018.

[9] 姜秀华. 机械设备修理工艺（机电设备安装与维修专业）[M]. 北京：机械工业出版社，2019.

[10] 白桂彩. 机电设备安装与调试技术 [M]. 西安：西安电子科技大学出版社，2018.

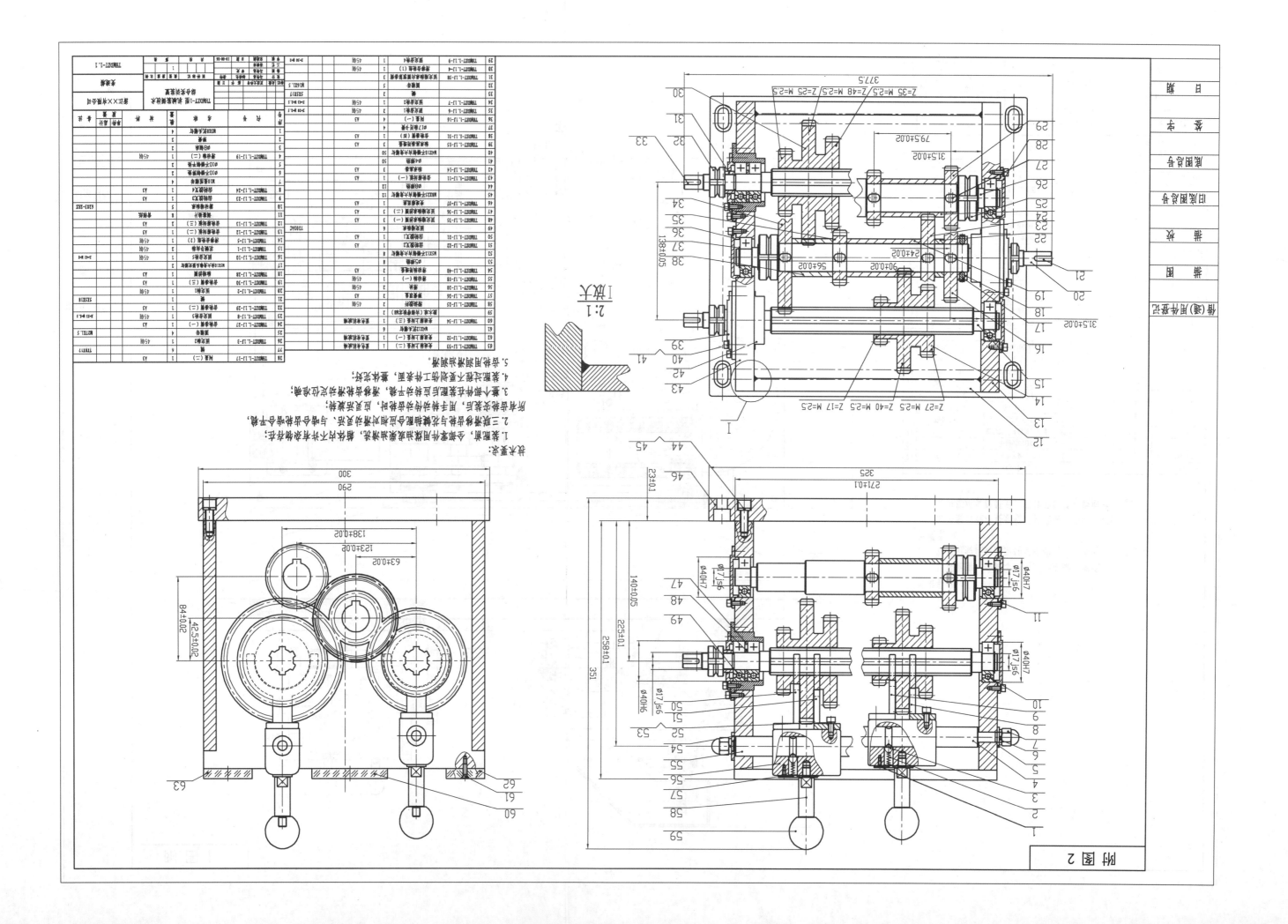

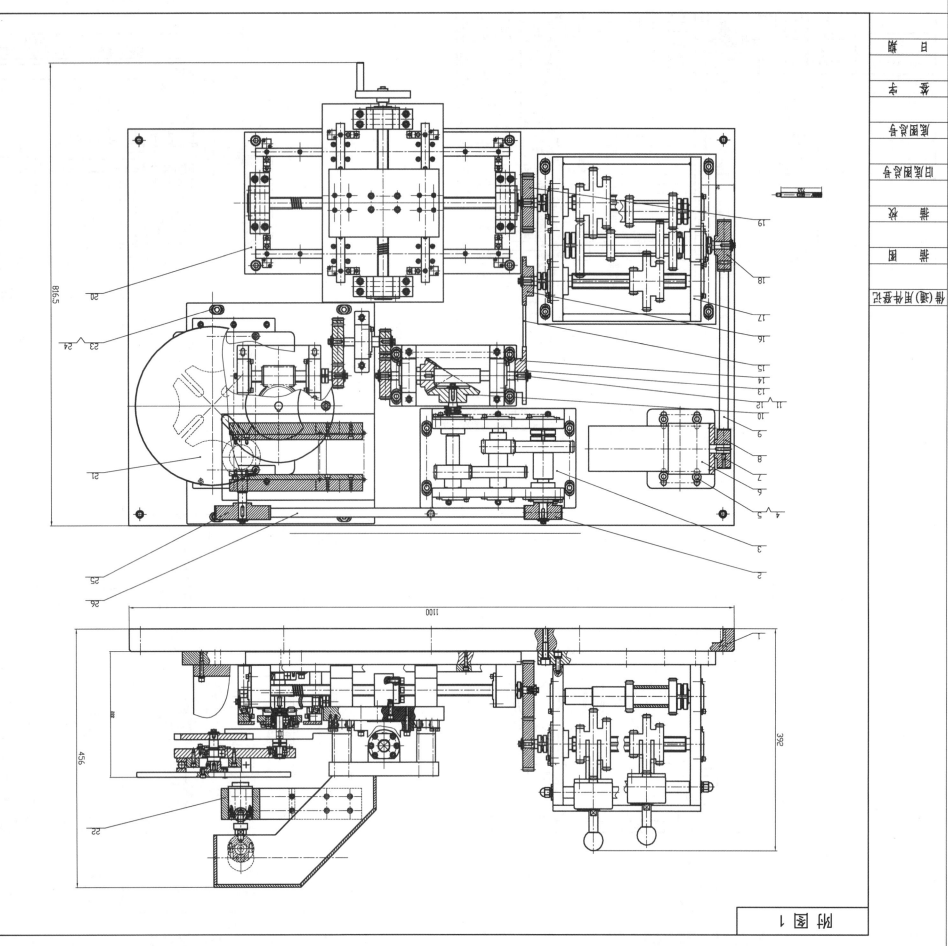

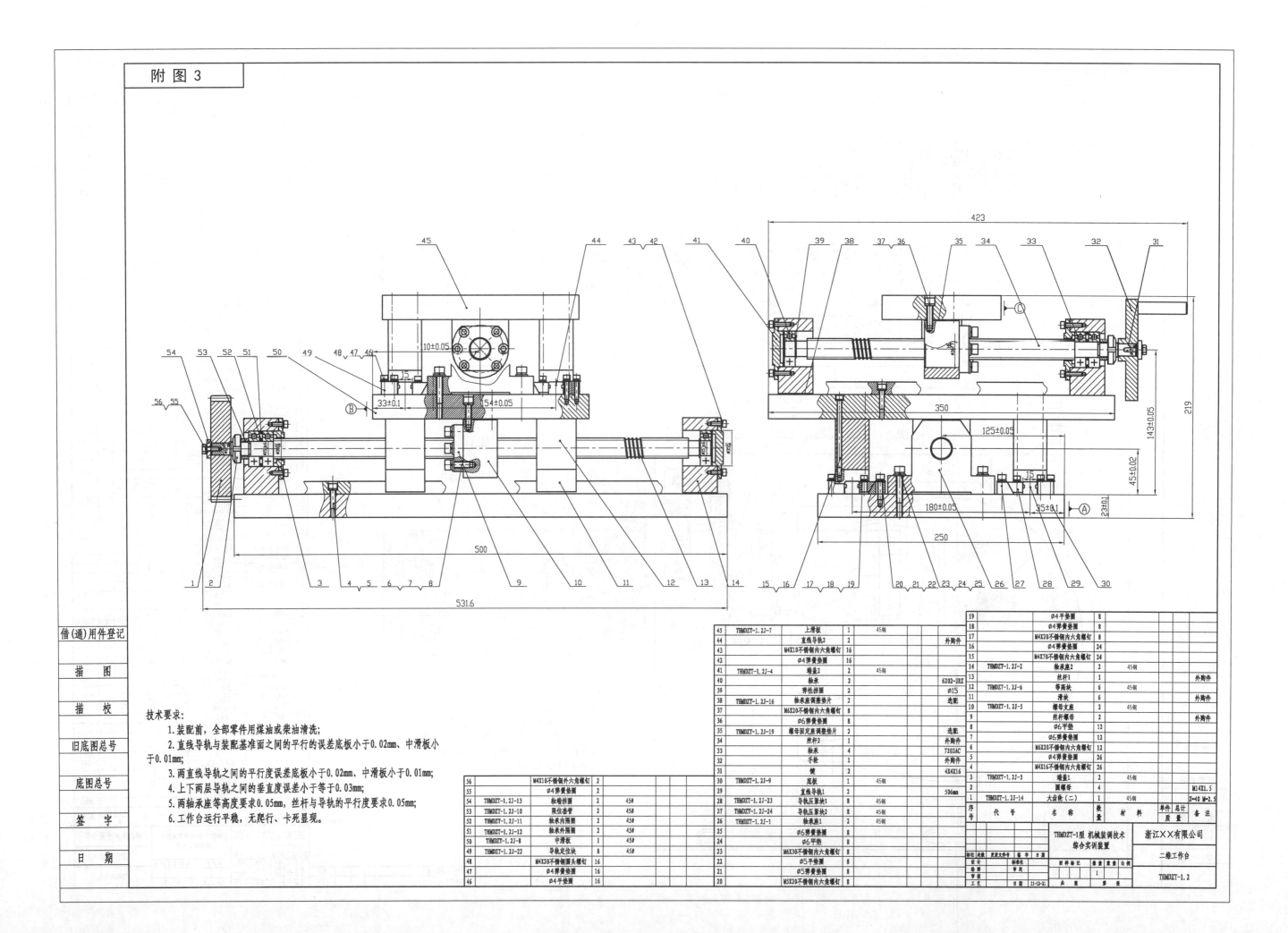

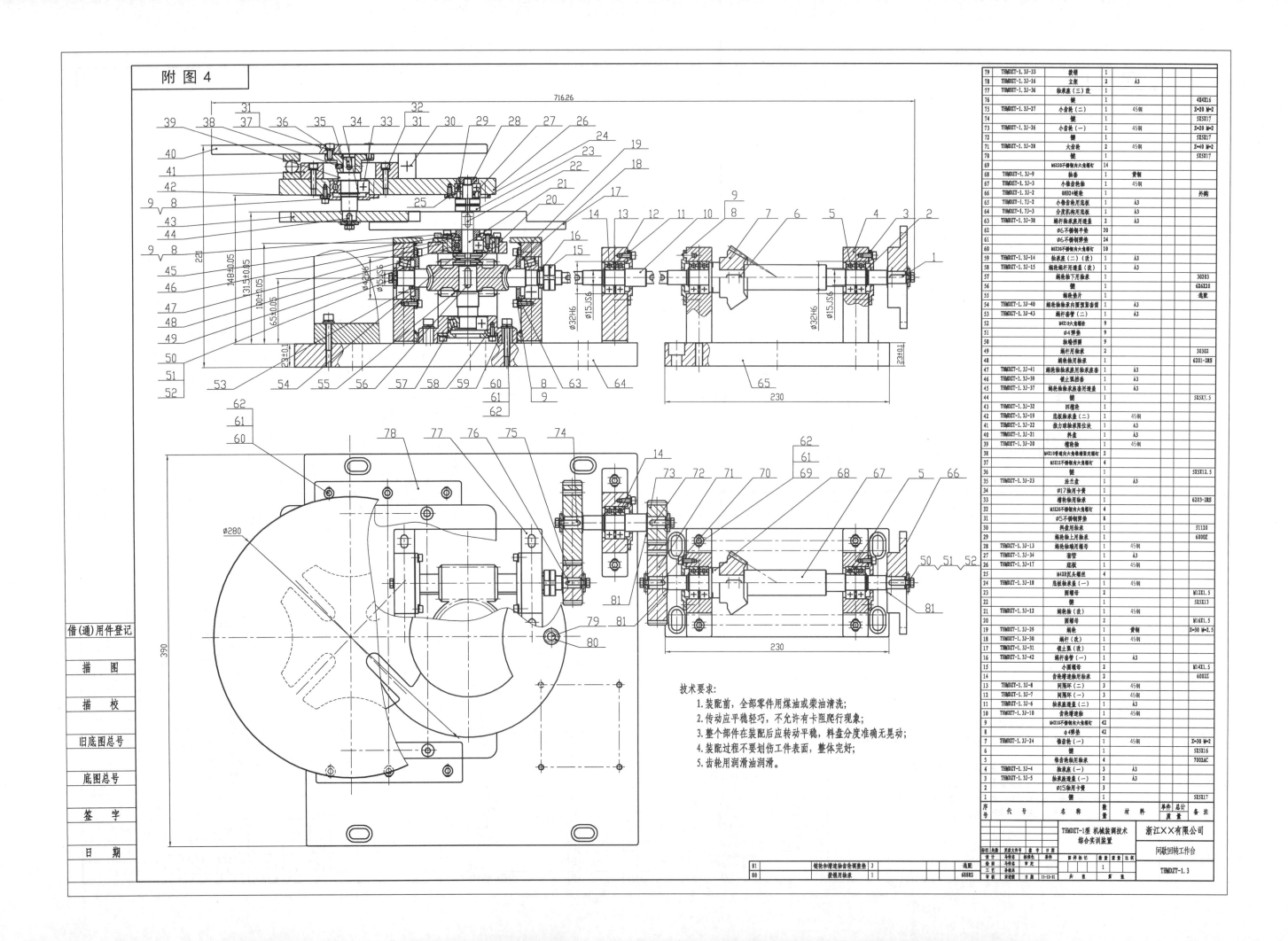

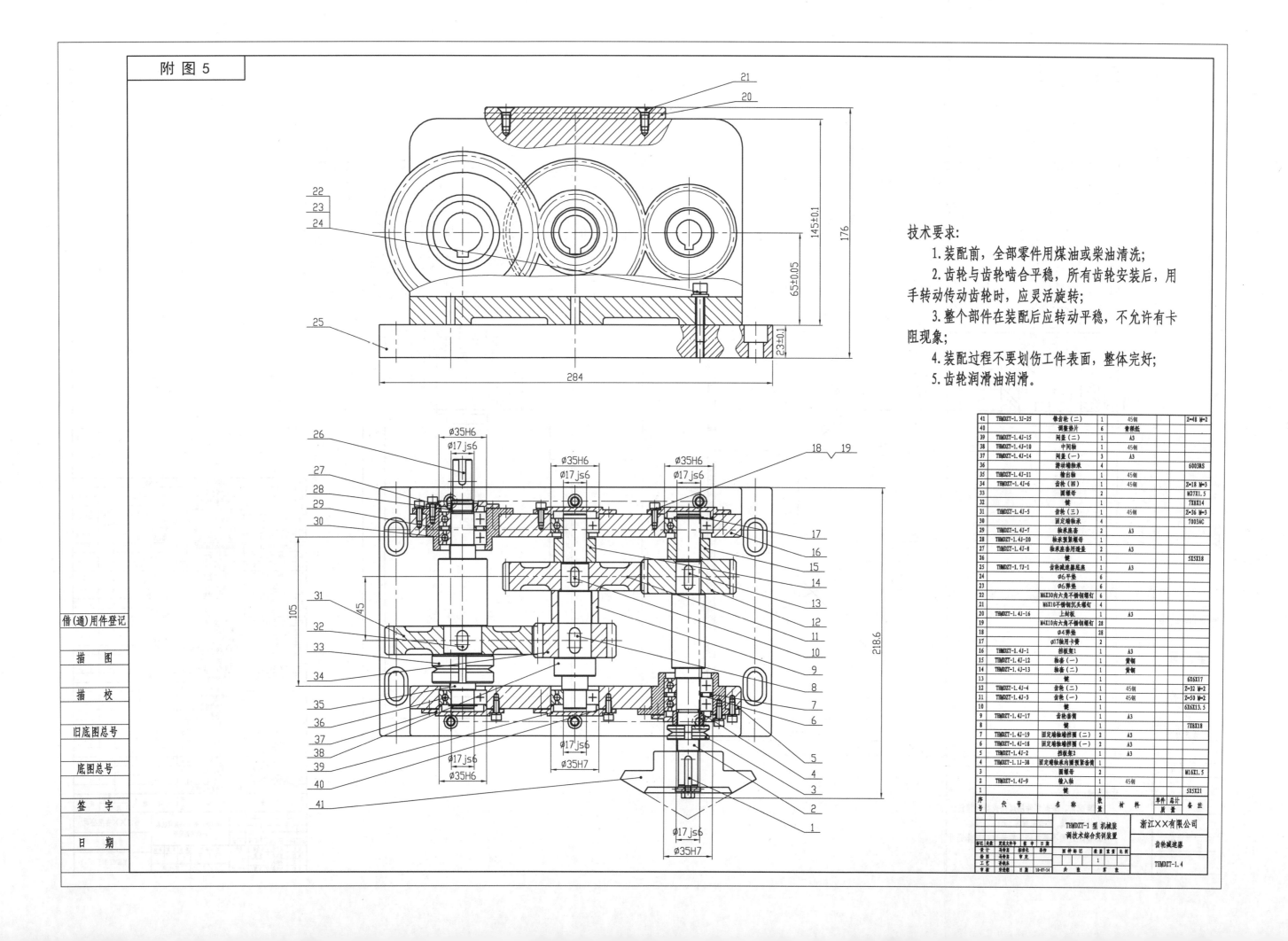

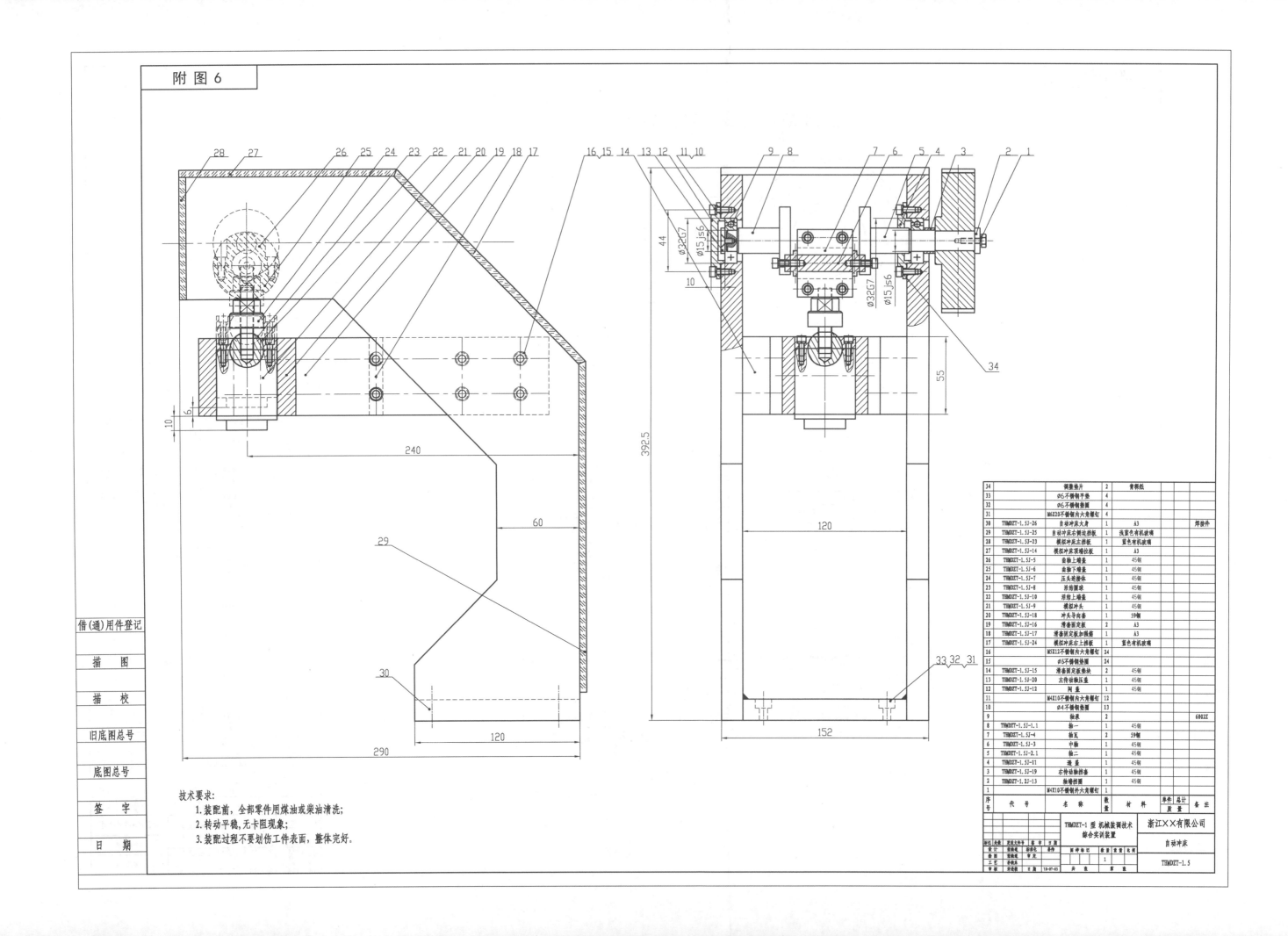

目　录

模块一　机电设备概述

项目一　认识一般机电设备的结构 ········· 1
  任务一　机械结构系统认识 ········· 1
  任务二　液压传动与气动系统简介 ········· 2
  任务三　机电一体化典型设备简介 ········· 4

项目二　机电设备安装调试 ········· 6
  任务一　机电设备安装调试基础认知 ········· 6
  任务二　机电设备安装调试工具及使用 ········· 7

模块二　机电设备典型机械部件装调技术

项目　综合实训装置装调技术 ········· 9
  任务一　认识THMDZT-1型机械装调技术综合实训装置 ········· 9
  任务二　装配与调试变速箱和齿轮减速器 ········· 10
  任务三　装配与调试二维工作台 ········· 15
  任务四　装配与调试间歇回转工作台和自动冲床机构 ········· 21

模块三　典型机电设备装调技术

项目一　带锯床的安装调试与维护技术 ········· 27
  任务一　带锯床本体的安装与调试 ········· 27
  任务二　带锯条的安装与调试 ········· 32

项目二　数控机床的安装调试与维护技术 …………………………………………… 34
任务一　数控机床本体的安装与调试 ……………………………………………… 34
任务二　数控系统的安装与调试 …………………………………………………… 38

项目三　电梯的安装调试与维护技术 ………………………………………………… 47
任务一　电梯导轨的安装与调试 …………………………………………………… 47
任务二　电梯层门的安装与调试 …………………………………………………… 54

项目四　工业机器人的安装调试与维护技术 ………………………………………… 60
任务一　工业机器人本体的安装与调试 …………………………………………… 60
任务二　工业机器人控制柜的安装与调试 ………………………………………… 68

模块一　机电设备概述

项目一　认识一般机电设备的结构

任务一　机械结构系统认识

❖ **任务实施**

1. 表 1-1-1 中所示机电设备都大概应用了哪些主要机械传动？在表中填写设备的名称、机械传动方式、组成及工作原理。若设备复杂，可以选其中的一部分来说明。

表 1-1-1　机械设备的组成

设备	名称	机械传动方式	组成	工作原理

2. 参观学校的实习车间、车间的设备，试着说出几种设备中应用的传动机构，并简述其工作原理。

❖ 任务评价

完成上述任务后，认真填写表 1-1-2。

表 1-1-2 机械结构系统认识评价表

组别				小组负责人		
成员姓名				班级		
课题名称				实施时间		
评价指标			配分	自评	互评	教师评
课前准备，收集资料			5			
课堂学习情况			20			
能应用各种手段获得需要的学习材料，并能提炼出需要的知识点			15			
举例说明几种机电设备应用了何种机械传动（任务实施1）			15			
能说出学校车间几种设备传动机构的应用情况，并简述其工作原理（任务实施2）			15			
遵守课堂学习纪律			15			
能实现前、后知识的迁移，主动性强，与同伴团结协作			15			
总计			100			
教师总评（成绩、不足及注意事项）						
综合评定等级（个人30%，小组30%，教师40%）						

任务二　液压传动与气动系统简介

❖ 任务实施

1. 应用所学内容填写表 1-1-3 中设备的名称、工作原理及工作过程。

表1-1-3 液压设备的工作原理及其工作过程

设备图片	名称	工作原理	工作过程

2. 参观学校的实习车间、车间的设备，试着说出设备中应用的液压及气动机构，并简述其工作原理，通过借助网络等资源说出其所用的元件，完成表1-1-4。

表1-1-4 液压及气动设备

设备名称	液压还是气动设备	主要元件	工作原理	用途

❖ 任务评价

完成上述任务后，认真填写表1-1-5。

表1-1-5 液压传动与气动系统简介评价表

组别		小组负责人	
成员姓名		班级	
课题名称		实施时间	

评价指标	配分	自评	互评	教师评
课前准备，收集资料	5			
课堂学习情况	20			
能应用各种手段获得需要的学习材料，并能提炼出需要的知识点	15			
说明车载液压千斤顶的工作原理	15			

续表

评价指标	配分	自评	互评	教师评
能说出学校车间设备液压和气压机构应用情况，并简述其工作原理，说出其所用的元件	15			
遵守课堂学习纪律	15			
能实现前、后知识的迁移，主动性强，与同伴团结协作	15			
总计	100			
教师总评（成绩、不足及注意事项）				
综合评定等级（个人30%，小组30%，教师40%）				

任务三　机电一体化典型设备简介

❖ 任务实施

1. 理解典型机电产品，总结机电一体化设备的特征并举例说明，完成表1-1-6。

表1-1-6　典型机电产品

名称	主要组成	主要特征	主要发展过程

2. 查阅材料，说明智能手机的组成。

❖ 任务评价

完成上述任务后，认真填写表1-1-7。

表1-1-7　机电一体化典型设备简介评价表

组别		小组负责人	
成员姓名		班级	
课题名称		实施时间	

续表

评价指标	配分	自评	互评	教师评
课前准备，收集资料	5			
课堂学习情况	20			
能应用各种手段获得需要的学习材料，并能提炼出需要的知识点	20			
了解机电设备的特征	10			
完成任务的情况	15			
遵守课堂学习纪律	15			
能实现前、后知识的迁移，主动性强，与同伴团结协作	15			
总计	100			
教师总评（成绩、不足及注意事项）				
综合评定等级（个人30%，小组30%，教师40%）				

项目二 机电设备安装调试

任务一 机电设备安装调试基础认知

❖ **任务实施**

1. 自主学习相关知识，了解机电设备安装与调试的发展方向及职业要求，完成表1-2-1。

表1-2-1 机电设备安装调试的职业要求及发展方向

要求	内容
机电设备安装发展史	
现阶段的特征和人员需求	
职业面向	
职业要求	

2. 了解机电设备安装与调试的重要性。
3. 通过参观车间，了解机电设备的安装地基等。
4. 讨论机电设备的安装与调试的过程及需要注意的问题。

❖ **任务评价**

完成上述任务后，认真填写表1-2-2。

表1-2-2 机电设备安装调试基础认知评价表

组别		小组负责人	
成员姓名		班级	
课题名称		实施时间	
评价指标	配分	自评	互评	教师评
课前准备，收集资料	5			
课堂学习情况	20			

续表

评价指标	配分	自评	互评	教师评
能应用各种手段获得需要的学习材料,并能提炼出需要的知识点	20			
了解机电设备的安装调试过程	10			
完成任务的情况	15			
遵守课堂学习纪律	15			
能实现前、后知识的迁移,主动性强,与同伴团结协作	15			
总计	100			
教师总评 (成绩、不足及注意事项)				
综合评定等级(个人30%,小组30%,教师40%)				

任务二 机电设备安装调试工具及使用

❖ 任务实施

1. 以小组为单位,介绍几种常见的工具,最好是课本中未介绍的,如游标卡尺等,说出其使用方法及使用和保养中应该注意的事项,完成表1-2-3。

表1-2-3 常见工具使用注意事项

名称	所属种类	主要用途	注意事项

2. 调查机电五金城,找出几种不常见的工具,说出其主要用途及使用方法,填写表1-2-4。

表1-2-4 工具使用注意事项

名称	所属种类	主要用途	使用方法

3. 选择几种工具，给同学示范。

❖ 任务评价

完成上述任务后，认真填写表 1-2-5。

表 1-2-5　机电设备安装调试工具及使用评价表

组别		小组负责人	
成员姓名		班级	
课题名称		实施时间	
评价指标	配分	自评	互评	教师评
---	---	---	---	---
课前准备，收集资料	5			
课堂学习情况	20			
任务实施 1 完成情况	15			
任务实施 2 完成情况	15			
任务实施 3 完成情况	15			
遵守课堂学习纪律	15			
能实现前、后知识的迁移，主动性强，与同伴团结协作	15			
总计	100			
教师总评 （成绩、不足及注意事项）				
综合评定等级（个人30%，小组30%，教师40%）				

模块二　机电设备典型机械部件装调技术

项目　综合实训装置装调技术

任务一　认识 THMDZT-1 型机械装调技术综合实训装置

❖ 任务实施

本任务学习 THMDZT-1 型机械装调技术综合实训装置的各个组成部分以及其所在位置和作用。

设备操作注意事项如下：

(1) 实训工作台应放置平稳，平时应注意清洁，若长时间不用则最好加涂防锈油。

(2) 实训时长头发学生需戴防护帽，不准将长发露出帽外；除专项规定外，不准穿裙子、高跟鞋、拖鞋、风衣、长大衣等。

(3) 装置运行调试时，不准戴手套、长围巾等，其他佩戴饰物不得悬露。

(4) 实训完毕后，及时关闭各电源开关，整理好实训器件并将其放入规定位置。

(5) 严格遵守安全文明操作规程。

❖ 任务评价

本任务主要考核学生是否熟知 THMDZT-1 型机械装调技术综合实训装置各组成部分及其作用。

完成上述任务后，认真填写表 2-1-1。

表 2-1-1　认识 THMDZT-1 型机械装调技术综合实训装置评价表

组别		小组负责人	
成员姓名		班级	
课题名称		实施时间	
评价指标	配分	自评	互评	教师评
正确辨识实训装置各部件	20			
正确辨识齿轮减速器的部件组成	25			
正确辨识二维工作台各部件组成及作用	10			
正确辨识二维工作台组成	10			
遵守课堂学习纪律	15			
着装符合安全规程要求	15			
能实现前、后知识的迁移，主动性强，与同伴团结协作	5			
总计	100			
教师总评（成绩、不足及注意事项）				
综合评定等级（个人30%，小组30%，教师40%）				

任务二　装配与调试变速箱和齿轮减速器

❖ 任务实施

本任务学习变速箱和齿轮减速器的装配和调试，如何正确使用相关工具、按照工艺正确完成装配调试任务。

一、装配准备工作

装配准备工作步骤如表 2-1-2 所示。

表 2-1-2　装配准备工作步骤

序号	步骤内容
1	熟悉图纸和零件清单、装配任务
2	检查文件和零件的完备情况
3	选择合适的工、量具
4	用煤油清洗零件，用棉纱擦拭干净

二、装配要求

根据变速箱装配图（见附图2）、齿轮减速器装配图（见附图5），使用相关工、量具，进行变速箱的组合装配与调试，并达到以下实训要求。

（1）能够读懂变速箱、齿轮减速器装配图。通过装配图，能够清楚零件之间的装配关系，机构的运动原理及功能；理解图纸中的技术要求，基本零件的结构装配方法，轴承、齿轮精度的调整等。

（2）正确写出工艺。能够规范合理地写出变速箱的装配工艺过程。

（3）正确清洗和润滑。轴承的清洗一般用柴油、煤油；规范装配，不能盲目敲打（通过钢套，用锤子均匀的敲打）；根据运动部位要求，加入适量润滑脂。

（4）齿轮的装配。齿轮的定位可靠，以承担负载，保证其移动的灵活性。圆柱啮合齿轮的啮合齿面宽度差不超过5%（即两个齿轮的错位）。

（5）装配的规范化。合理的装配顺序；传动部件主、次分明；运动部件的润滑；啮合部件间隙的调整。

三、变速箱装配实训步骤

变速箱按箱体装配的方法、从下到上的装配原则进行装配。具体步骤如下。

（1）变速箱底板和变速箱箱体连接。变速箱底板和变速箱箱体如图2-1-1所示，用内六角螺钉（M8×25）加弹簧垫圈连接变速箱底板和变速箱箱体。

（2）安装固定轴。如图2-1-2所示，用冲击套筒把深沟球轴承压装到固定轴一端，固定轴的另一端从变速箱箱体的相应内孔中穿过，把第一个键槽装上键，安装上齿轮，装好齿轮套筒，再把第二个键槽装上键并装上齿轮，装紧两个圆螺母（双螺母锁紧），挤压深沟球轴承的内圈把轴承安装在轴上，最后打上两端的闷盖，闷盖与箱体之间通过测量增加相应厚度的青稞纸，游动端的一端不用测量直接增加0.3 mm厚的青稞纸。

图2-1-1 变速箱底板和变速箱箱体

图2-1-2 固定轴

（3）主轴的安装。将两个角接触球轴承（按背靠背的装配方法）安装在轴上，中间加轴承内、外圈套筒。主轴如图2-1-3所示。

安装轴承座套和轴承透盖，轴承座套和轴承透盖之间通过测量增加厚度最接近的青稞纸。将轴端挡圈固定在轴上，按顺序安装4个齿轮和齿轮中间的齿轮套筒后，装紧2个圆螺母，轴承座套固定在箱体上，挤压深沟球轴承的内圈，把轴承安装在轴上。装上轴承闷盖，闷盖与箱体之间增加 0.3 mm 厚的青稞纸，套上轴承内圈预紧套筒，最后通过调整圆螺母来调整两角接触球轴承的预紧力。

（4）花键导向轴的安装。把两个角接触球轴承（按背靠背的装配方法）安装在轴上，中间加轴承内、外圈套筒。安装轴承座套和轴承透盖。轴承座套与轴承透盖之间通过测量增加厚度最接近的青稞纸。然后，安装滑移齿轮组，轴承座套固定在箱体上，挤压轴承的内圈把深沟球轴承安装在轴上，装上轴用弹性挡圈和轴承闷盖，闷盖与箱体之间增加 0.3 mm 厚的青稞纸。套上轴承内圈预紧套筒。最后通过调整圆螺母来调整两角接触球轴承的预紧力，如图 2-1-4 所示。

图 2-1-3　主轴

图 2-1-4　花键导向轴的安装

（5）滑块拨叉的安装。把拨叉安装在滑块上，安装滑块滑动导向轴，装上 $\phi 8$ mm 的钢球，放入弹簧，盖上弹簧顶盖，装上滑块拨杆和胶木球；调整两滑块拨杆的左、右距离来调整齿轮的错位，如图 2-1-5、图 2-1-6 所示。

图 2-1-5　滑块拨杆和胶木球

图 2-1-6　滑块拨叉和滑块

（6）上封盖的安装。把 3 块有机玻璃固定到变速箱箱体顶端。

四、齿轮减速器的装配步骤

齿轮减速器的装配要按装配步骤开展，否则容易发生错误，导致装配无法正常进行，影响设备装配精度和进度。齿轮减速器的装配步骤如表 2-1-3 所示。

表 2-1-3 齿轮减速器的装配步骤

序号	安装部件名称	步骤内容
1	左、右挡板的安装	将左右挡板固定在齿轮减速器底座上
2	输入轴的安装	将两个角接触球轴承（按背靠背的装配方法）装在输入轴上，轴承中间加轴承内、外圈套筒。安装轴承座套和轴承透盖，轴承座套与轴承透盖通过测量增加厚度最接近的青稞纸。安装好齿轮和轴套后，轴承座套固定在箱体上，挤压深沟球轴承的内圈把轴承安装在轴上，装上轴承闷盖，闷盖与箱体之间增加 0.3 mm 厚的青稞纸。套上轴承内圈预紧套筒。最后，通过调整圆螺母来调整两角接触球轴承的预紧力
3	中间轴的安装	把深沟球轴承压装到固定轴一端，安装两个齿轮和齿轮中间的齿轮套筒及轴套后，挤压深沟球轴承的内圈，把轴承安装在轴上，最后打上两端的闷盖。闷盖与箱体之间通过测量增加相应厚度的青稞纸，游动端的一端不用测量直接增加 0.3 mm 厚的青稞纸
4	输出轴的安装	将轴承座套套在输入轴上，把两个角接触球轴承（按背靠背的装配方法）装在轴上，轴承中间加轴承内、外圈套筒。装上轴承透盖，透盖与轴承套之间通过测量增加厚度最接近的青稞纸。安装好齿轮后，装紧两个圆螺母，挤压深沟球轴承的内圈把轴承安装在轴上，装上轴承闷盖，闷盖与箱体之间增加 0.3 mm 厚的青稞纸。套上轴承内圈预紧套筒。最后，通过调整圆螺母来调整两角接触球轴承的预紧力

注意事项如下：

（1）正确使用工、卡、量具；

（2）检查运转部件的轴向窜动量，主要检查轴承的游隙是否符合要求；

（3）检查轴承内、外跑道有无麻点、腐蚀、凹坑、裂纹等缺陷；

（4）根据润滑油或润滑脂的润滑情况，及时进行更换或添加，要求润滑油添至 1/3～1/2，润滑脂为 1/3；

（5）严格遵守安全文明操作规程。

五、实训工具设备

装配与调试变速箱和齿轮减速器的工具如表 2-1-4 所示。

表 2-1-4 装配与调试变速箱和齿轮减速器的工具

序号	名称	型号及规格	数量	备注
1	机械装调技术综合实训装置	THMDZT-1 型	1 套	
2	内六角扳手		1 套	
3	橡胶锤		1 把	

续表

序号	名称	型号及规格	数量	备注
4	长柄十字螺钉旋具		1把	
5	三角拉马		1个	
6	活扳手	250 mm	1把	
7	圆螺母扳手	M16、M27圆螺母用	各1把	
8	外用卡簧钳	直角7寸	1把	
9	防锈油		若干	
10	紫铜棒		1根	
11	轴承装配套筒		1套	
12	普通游标卡尺	300 mm	1把	
13	深度游标卡尺		1把	
14	杠杆式百分表	0.8 mm，含小磁性表座	1套	
15	大磁性表座		1个	
16	塞尺		1把	
17	零件盒		2个	

❖ 任务评价

完成上述任务后，认真填写表2-1-5。

表2-1-5　装配与调试变速箱和齿轮减速器评价表

组别			小组负责人		
成员姓名			班级		
课题名称			实施时间		
评价指标		配分	自评	互评	教师评
能选择适当的装配工、量具		5			
变速箱底板和箱体连接操作正确		10			
变速箱固定轴安装操作正确		5			
变速箱主轴的安装操作正确		10			
变速箱花键导向轴的安装操作正确		10			
变速箱滑块拨叉的安装操作正确		5			
变速箱上封盖的安装操作正确		5			
齿轮减速器左右挡板的安装操作正确		5			

续表

评价指标	配分	自评	互评	教师评
齿轮减速器输入轴的安装操作正确	10			
齿轮减速器中间轴的安装操作正确	10			
齿轮减速器输出轴的安装操作正确	10			
遵守课堂学习纪律	5			
着装符合安全规程要求	5			
能实现前、后知识的迁移，主动性强，与同伴团结协作	5			
总计	100			
教师总评 （成绩、不足及注意事项）				
综合评定等级（个人30%，小组30%，教师40%）				

任务三　装配与调试二维工作台

❖ 任务实施

本任务学习二维工作台的结构组成，如何正确使用相关工具，按照工艺流程正确完成二维工作台装配任务。

一、装配准备工作

装配准备工作步骤如表2-1-6所示。

表2-1-6　装配准备工作步骤

序号	步骤内容
1	熟悉图纸和零件清单、装配任务
2	检查文件和零件的完备情况
3	选择工、量具
4	用清洁布清洗零件
5	螺钉、平垫片、弹簧垫圈等的准备

二、二维工作台装配要求

根据二维工作台装配图（见附图3），使用相关工、量具，进行二维工作台的组合装配与调试，并达到以下装配要求。

（1）以 30（底板）侧面（磨削面）为基准面 A，使靠近基准面 A 侧的 2（直线导轨一）与基准面 A 的平行度允差≤0.02 mm。

（2）两直线导轨一的平行度允差≤0.02 mm。

（3）调整轴承座垫片及轴承座，使 13（丝杠一）两端等高且位于两直线导轨一的对称中心。

（4）调整 10（螺母支座）与 50（中滑板）之间的垫片，用齿轮（手轮）转动丝杠一，50（中滑板）移动应平稳灵活。

（5）以 50（中滑板）侧面（磨削面）为基准面 B，使靠近基准面 B 侧的 44（直线导轨二）与基准面 B 的平行度允差≤0.02 mm。

（6）50（中滑板）上直线导轨与 30（底板）上直线导轨的垂直度允差≤0.02 mm。

（7）两直线导轨二的平行度允差≤0.02 mm。

（8）调整轴承座垫片及轴承座，使 34（丝杠二）两端等高且位于两直线导轨二的对称中心。

（9）调整 10（螺母支座）与上滑板之间的垫片，用 32（手轮）转动丝杠，45（上滑板）移动应平稳灵活。

三、二维工作台的装配步骤

二维工作台的装配步骤如下。

（1）安装直线导轨一，具体步骤如表 2-1-7 所示。

表 2-1-7 直线导轨一安装步骤

序号	步骤内容
1	以 30（底板）的侧面（磨削面）为基准面 A，调整 30（底板）的方向，将基准面 A 朝向操作者，以便以此面为基准安装直线导轨
2	将 29（直线导轨一）中的一根放到 30（底板）上，使导轨的两端靠在 30（底板）、49（导轨定位基准块）上（如果导轨由于固定孔位限制不能靠在定位基准块上，则在导轨与定位基准块之间增加调整垫片），用 M4×16 的内六角螺钉预紧该直线导轨（加弹垫）
3	按照导轨安装孔中心到基准面 A 的距离要求（用深度游标卡尺测量），调整 29（直线导轨一）与 49（导轨定位基准块）之间的调整垫片使之达到图纸要求
4	将杠杆式百分表吸在 29（直线导轨一）的滑块上，杠杆式百分表的测头接触在基准面 A 上，沿 29（直线导轨一）滑动滑块，通过橡胶锤调整导轨，同时增、减调整垫片的厚度，使导轨与基准面之间的平行度符合要求，将导轨固定在 30（底板）上，并压紧导轨定位装置。后续的安装工作均以该直线导轨为安装基准（以下称该导轨为基准导轨）
5	将另一根 29（直线导轨一）放到底板上，用内六角螺钉预紧此导轨，用普通游标卡尺测量两导轨之间的距离，通过调整导轨与导轨定位基准块之间的调整垫片，将两导轨的距离调整到所要求的距离

续表

序号	步骤内容
6	以底板上安装好的导轨为基准，将杠杆式百分表吸附在基准导轨的滑块上，杠杆式百分表的测头接触在另一根导轨的侧面，沿基准导轨滑动滑块，通过橡胶锤调整导轨，同时增、减调整垫片的厚度，使两导轨平行度符合要求，将导轨固定在30（底板）上，并压紧导轨定位装置。注：直线导轨预紧时，螺钉的尾部应全部陷入沉孔，否则拖动滑块时螺钉尾部与滑块发生摩擦，将导致滑块损坏

（2）安装丝杠一，具体步骤如表2-1-8所示。

表 2-1-8　丝杠一安装步骤

序号	步骤内容
1	将另一根44（直线导轨二）放到底板上，用内六角螺钉预紧此导轨，用普通游标卡尺测量两导轨之间的距离，通过调整导轨与导轨定位基准块之间的调整垫片，将两导轨的距离调整到所要求的距离。用M6×20的内六角螺钉（加 $\phi 6$ 平垫片、弹簧垫圈）将10（螺母支座）固定在13（丝杆一）的螺母上
2	利用轴承安装工具、铜棒、卡簧钳等，将3（端盖一）、52（轴承内隔圈）、51（轴承外隔圈）、33（角接触球轴承）、39（弹性挡圈）、40（轴承6202）分别安装在13（丝杆一）的相应位置。注：为了控制两角接触球轴承的预紧力，轴承及轴承内、外隔圈应经过测量
3	将26（轴承座一）和14（轴承座二）分别安装在丝杆上，用M4×10内六角螺钉将3（端盖一）、41（端盖二）固定。注：通过测量轴承座与端盖之间的间隙，选择相应的调整垫片
4	用M6×30内六角螺钉（加 $\phi 6$ 平垫片、弹簧垫圈）将轴承座预紧在底板上。在丝杆主动端安装53（限位套管）、2（M14×1.5 圆螺母）、1（大齿轮）、54（轴端挡圈）、56（M4×10 不锈钢外六角螺钉）和31（键 4×4×16）
5	分别将丝杆螺母移动到丝杆的两端，用杠杆式百分表判断两轴承座的中心高是否相等。通过在轴承座下加入相应的调整垫片，使两轴承座的中心高相等
6	分别将丝杆螺母移动到丝杆的两端，同时将杠杆式百分表吸附在29（直线导轨一）的滑块上，杠杆式百分表测头接触在9（丝杆螺母）上，沿直线导轨滑动滑块，通过橡胶锤调整轴承座，使13（丝杆一）与29（直线导轨一）平行。注：滚珠丝杆的螺母禁止旋出丝杆，否则将导致螺母损坏。轴承的安装方向必须正确

（3）安装中滑板及直线导轨二，具体步骤如表2-1-9所示。

表 2-1-9　中滑板及直线导轨二安装步骤

序号	步骤内容
1	将12（等高块）分别放在11（直线导轨滑块）上，将50（中滑板）放在12（等高块）上（侧面经过磨削的面朝向操作者的左边），调整滑块的位置。用M4×70（加 $\phi 4$ 弹簧垫圈）将等高块、中滑板固定在导轨滑块上
2	用M6×20内六角螺钉将50（中滑板）和10（螺母支座）预紧在一起。用塞尺测量丝杆螺母支座与中滑板之间的间隙大小

续表

序号	步骤内容
3	将 M4×70 的螺钉旋松,选择相应的调整垫片加入丝杆螺母支座与中滑板之间的间隙
4	将中滑板上的 M4×70 的螺栓预紧。用大磁性表座固定 90°角尺,使角尺的一边与 50(中滑板)左侧的基准面紧贴在一起。将杠杆式百分表吸附在底板上的合适位置,杠杆式百分表测头打在角尺的另一边,同时将 32(手轮)装在 34(丝杆二)上面。摇动手轮使中滑板左、右移动,观察杠杆式百分表的示数是否发生变化。如果其示数不发生变化,则说明中滑板上的导轨与底板的导轨已经垂直;如果其示数发生了变化,则用橡胶锤轻轻打击中滑板,使上、下两层的导轨保持垂直
5	将 44(直线导轨二)中的一根放到 50(中滑板)上,使导轨的两端靠在 50(中滑板)上的 49(导轨定位基准块)上(如果导轨由于固定孔位限制不能靠在定位基准块上,则在导轨与定位基准块之间增加调整垫片),用 M4×16 的内六角螺钉预紧该直线导轨(加弹簧垫)
6	按照导轨安装孔中心到基准面 B 的距离要求(用深度游标卡尺测量),调整 44(直线导轨二)与 49(导轨定位基准块)之间的调整垫片使之达到图纸要求
7	将杠杆式百分表吸附在直线导轨二 的滑块上,杠杆式百分表的测头接触在基准面 B 上,沿直线导轨二 滑动滑块,通过橡胶锤调整导轨,同时增、减调整垫片的厚度,使导轨与基准面之间的平行度符合要求,将导轨固定在 50(中滑板)上,并压紧导轨定位装置。后续的安装工作均以该直线导轨为安装基准(以下称该导轨为基准导轨)
8	将另一根 44(直线导轨二)放到底板上,用内六角螺钉预紧此导轨,用普通游标卡尺测量两导轨之间的距离,通过调整导轨与导轨定位基准块之间的调整垫片,将两导轨的距离调整到所要求的距离
9	以中滑板上安装好的导轨为基准,将杠杆式百分表吸附在基准导轨的滑块上,杠杆式百分表的测头接触在另一根导轨的侧面,沿基准导轨滑动滑块,通过橡胶锤调整导轨,同时增、减调整垫片的厚度,使两导轨平行度符合要求,将导轨固定在 50(中滑板)上,并压紧导轨定位装置。注:直线导轨预紧时,螺钉的尾部应全部陷入沉孔,否则拖动滑块时螺钉尾部与滑块发生摩擦,将导致滑块损坏

(4)安装丝杆二,具体步骤如表 2-1-10 所示。

表 2-1-10 丝杆二安装步骤

序号	步骤内容
1	用 M6×20 的内六角螺钉(加 $\phi6$ 平垫片、弹簧垫圈)将 10(螺母支座)固定在 34(丝杆二)的螺母上
2	利用轴承安装工具、铜棒、卡簧钳等,将 3(端盖一)、52(轴承内隔圈)、51(轴承外隔圈)、33(角接触球轴承)、39(弹性挡圈)、40(轴承 6202)分别安装在 13(丝杆一)的相应位置。注:为了控制两角接触球轴承的预紧力,轴承及轴承内、外隔圈应经过测量
3	将 26(轴承座一)和 14(轴承座二)分别安装在丝杆上,用 M4×10 内六角螺钉将 3(端盖一)、41(端盖二)固定。注:通过测量轴承座与端盖之间的间隙,选择相应的调整垫片

续表

序号	步骤内容
4	用 M6×30 内六角螺钉（加 φ6 平垫片、弹簧垫圈）将轴承座预紧在中滑板上。在丝杆主动端安装 53（限位套管）、2（M14×1.5 圆螺母）、35（螺母固定座调整垫片）、54（轴端挡圈）、56（M4×10 不锈钢外六角螺钉）和 31（键 4×4×16）
5	分别将丝杆螺母移动到丝杆的两端，用杠杆式百分表判断两轴承座的中心高是否相等。通过在轴承座下加入相应的调整垫片，使两轴承座的中心高相等
6	分别将丝杆螺母移动到丝杆的两端，同时将杠杆式百分表吸附在 44（直线导轨二）的滑块上，杠杆式百分表测头接触在 9（丝杆螺母）上，沿直线导轨滑动滑块，通过橡胶锤调整轴承座，使 34（丝杆二）与 44（直线导轨二）平行。注：滚珠丝杆的螺母禁止旋出丝杆，否则将导致螺母损坏。轴承的安装方向必须正确

（5）安装上滑板，具体步骤如表 2-1-11 所示。

表 2-1-11 上滑板安装步骤

序号	步骤内容
1	将 12（等高块）分别放在 11（直线导轨滑块）上，将 45（上滑板）放在 12（等高块）上（侧面经过磨削的面朝向操作者），调整滑块的位置。用 M4×70（加 φ4 弹簧垫圈）将等高块、中滑板固定在导轨滑块上
2	用 M6×20 内六角螺钉将 45（上滑板）和 10（螺母支座）预紧在一起。用塞尺测量丝杆螺母支座与上滑板之间的间隙大小
3	将 M4×70 的螺钉旋松，选择相应的调整垫片加入丝杆螺母支座与上滑板之间的间隙
4	将上滑板上的 M4×70、M6×20 螺丝打紧

四、实训工具设备

装配与调试二维工作台的工具如表 2-1-12 所示。

表 2-1-12 装配与调试二维工作台的工具

序号	名称	型号及规格	数量	备注
1	机械装调技术综合实训装置	THMDZT-1 型	1 套	
2	内六角扳手		1 套	
3	橡胶锤		1 把	
4	长柄十字螺钉旋具		1 把	
5	三角拉马		1 个	
6	活扳手	250 mm	1 把	
7	圆螺母扳手	M16、M27 圆螺母用	各 1 把	
8	外用卡簧钳	直角 7 寸	1 把	

续表

序号	名称	型号及规格	数量	备注
9	防锈油		若干	
10	紫铜棒		1 根	
11	轴承装配套筒		1 套	
12	普通游标卡尺	300 mm	1 把	
13	深度游标卡尺		1 把	
14	杠杆式百分表	0.8 mm，含小磁性表座	1 套	
15	大磁性表座		1 个	
16	塞尺		1 把	
17	零件盒		2 个	

❖ 任务评价

完成上述任务后，认真填写表 2-1-13。

表 2-1-13 装配与调试二维工作台评价表

组别			小组负责人		
成员姓名			班级		
课题名称			实施时间		
评价指标		配分	自评	互评	教师评
选择适当的装配二维工作台工、量具		10			
二维工作台直线导轨一安装操作正确		10			
二维工作台丝杠一安装操作正确		10			
二维工作台中滑板及直线导轨二安装操作正确		20			
二维工作台丝杆二安装操作正确		10			
二维工作台上滑板安装操作正确		10			
遵守课堂学习纪律		15			
着装符合安全规程要求		10			
能实现前、后知识的迁移，主动性强，与同伴团结协作		5			
总计		100			
教师总评（成绩、不足及注意事项）					
综合评定等级（个人 30%，小组 30%，教师 40%）					

任务四 装配与调试间歇回转工作台和自动冲床机构

❖ 任务实施

本任务学习间歇回转工作台和自动冲床机构的组成,如何正确使用相关工具,按照工艺流程正确完成装配调试任务。

一、装配准备工作

装配准备工作步骤如表 2-1-14 所示。

表 2-1-14 装配准备工作步骤

序号	步骤内容
1	熟悉图纸和零件清单、装配任务
2	检查文件和零件的完备情况
3	选择工、量具
4	用清洁布清洗零件

二、间歇回转工作台的装配步骤

根据间歇回转工作台装配图(见附图 4)使用相关工、量具,进行间歇回转工作台的装配与调试。间歇回转工作台的安装应遵循"先局部后整体"的安装方法,首先对分立部件进行安装,然后把各个部件进行组合,完成整个工作台的装配,具体步骤如下。

(1) 蜗杆部分的装配,具体步骤如表 2-1-15 所示。

表 2-1-15 蜗杆部分的装配步骤

序号	步骤内容
1	用轴承装配套筒将两个 45(蜗杆用轴承及圆锥滚子轴承)内圈装在 18(蜗杆)的两端。 注:圆锥滚子内圈的方向
2	用轴承装配套筒将两个 45(蜗杆用轴承及圆锥滚子轴承)外圈分别装在两个 69(轴承座三)上,并把 15(蜗杆轴轴承端盖二)和 47(蜗杆轴轴承端盖一)分别固定在轴承座上。 注:圆锥滚子外圈的方向
3	将 18(蜗杆)安装在两个 69(轴承座三)上,并把两个 69(轴承座三)固定在 51(分度机构用底板)上
4	在蜗杆的主动端装入相应键,并用 53(轴端挡圈)将 67(小齿轮二)固定在蜗杆上

(2) 锥齿轮部分的装配,具体步骤如表 2-1-16 所示。

表 2-1-16 锥齿轮部分的装配步骤

序号	步骤内容
1	在57（小锥齿轮轴）安装锥齿轮的部位装入相应的键，并将7（锥齿轮一）和58（轴套）装入
2	将两个4（轴承座一）分别套在57（小锥齿轮轴）的两端，并用轴承装配套筒将4个角接触球轴承以两个一组面对面的方式安装在46（键）上，然后将轴承装入轴承座。注：中间加12（间隔环一）、13（间隔环二）
3	在57（小锥齿轮轴）的两端分别装入$\phi15$轴用弹性挡圈，将两个3（轴承座透盖一）固定到轴承座上
4	将两个轴承座分别固定在52（小锥齿轮底板）上
5	在57（小锥齿轮轴）两端各装入相应键，用53（轴端挡圈）将63（大齿轮）、56（08B24链轮）固定在57（小锥齿轮轴）上

（3）增速齿轮部分的装配，具体步骤如表 2-1-17 所示。

表 2-1-17 增速齿轮部分的装配步骤

序号	步骤内容
1	用轴承装配套筒将两个深沟球轴承装在10（齿轮增速轴）上，并在相应位置装入$\phi15$轴用弹性挡圈。注：中间加12（间隔环一）和13（间隔环二）
2	将安装好轴承的10（齿轮增速轴）装入4（轴承座一）中，并将11（轴承座透盖二）安装在轴承座上
3	在10（齿轮增速轴）两端各装入相应的键，用53（轴端挡圈）将65（小齿轮一）、63（大齿轮）固定在10（齿轮增速轴）上

（4）蜗轮部分的装配，具体步骤如表 2-1-18 所示。

表 2-1-18 蜗轮部分的装配步骤

序号	步骤内容
1	将50（蜗轮蜗杆用透盖）装在21（蜗轮轴）上，用轴承装配套筒将圆锥滚子轴承内圈装在21（蜗轮轴）上
2	用轴承装配套筒将圆锥滚子的外圈装入49（轴承座二）中，将圆锥滚子轴承装入49（轴承座二）中，并将50（蜗轮蜗杆用透盖）固定在49（轴承座二）上
3	在21（蜗轮轴）上安装蜗轮的部分并安装相应的键，并将19（蜗轮）装在21（蜗轮轴）上，然后装入，用20（圆螺母）固定

（5）槽轮拨叉部分的装配，具体步骤如表 2-1-19 所示。

表 2-1-19　槽轮拨叉部分的装配步骤

序号	步骤内容
1	用轴承装配套筒将深沟球轴承安装在 39（槽轮轴）上，并装上 $\phi17$ 轴用弹性挡圈
2	将 39（槽轮轴）装入 26（底板）中，并把 42（底板轴承盖二）固定在 26（底板）上
3	在 39（槽轮轴）的两端各加入相应的键分别用轴端挡圈、紧定螺钉将 43（四槽轮）和 35（法兰盘）固定在 39（槽轮轴）上
4	用轴承装配套筒将角接触球轴承安装到 26（底板）的另一轴承装配孔中，并将 24（底板轴承盖一）安装到 26（底板）上

（6）整个工作台的装配，具体步骤如表 2-1-20 所示。

表 2-1-20　整个工作台的装配步骤

序号	步骤内容
1	将 51（分度机构用底板）安装在铸铁平台上
2	通过 49（轴承座二）将蜗轮部分安装在 51（分度机构用底板）上
3	将蜗杆部分安装在 51（分度机构用底板）上，通过调整蜗杆的位置，使蜗轮、蜗杆正常啮合
4	将 70（立架）安装在 51（分度机构用底板）上
5	在 21（蜗轮轴）先装上 20（圆螺母），在装 17（锁止弧）的位置装入相应键，并用 23（圆螺母）将 17（锁止弧）固定在 21（蜗轮轴）上，再装上一个 23（圆螺母），其上面套上 27（套管）
6	调节四槽轮的位置，将四槽轮部分安装在 70（立架）上，同时使 21（蜗轮轴）轴端装入相应位置的轴承孔中，用 28（蜗轮轴端用螺母）将蜗轮轴锁紧在深沟球轴承上
7	将 41（推力球轴承限位块）安装在 26（底板）上，并将推力球轴套在 41（推力球轴承限位块）上
8	通过 35（法兰盘）将 40（料盘）固定
9	将增速齿轮部分安装在 51（分度机构用底板）上，调整增速齿轮部分的位置，使 63（大齿轮）和 67（小齿轮二）正常啮合
10	将锥齿轮部分安装在铸铁平台上，调节 52（小锥齿轮用底板）的位置，使 65（小齿轮一）和 63（大齿轮）正常啮合

三、自动冲床的装配步骤

自动冲床的装配步骤如下。

（1）轴承的装配与调试。用轴承套筒将 6002 轴承装入轴承室中（在轴承室中涂抹少许黄油），转动轴承内圈，轴承应转动灵活，无卡阻现象；观察轴承外圈是否安装到位。

（2）曲轴的装配与调试，具体步骤如表 2-1-21 所示。

表 2-1-21　曲轴的装配与调试步骤

序号	步骤内容
1	安装轴二：将透盖用螺钉锁紧，将轴二装好，然后再装好轴承的右传动轴挡套
2	安装曲轴：轴瓦安装在曲轴下端盖的 U 型槽中，然后装好中轴，盖上轴瓦的另一半，将曲轴上端盖装在轴瓦上，将螺钉预紧，用手转动中轴，中轴应转动灵活
3	将已安装好的曲轴固定在轴二上，用 M5 的外六角螺钉预紧
4	安装轴一：将轴一装入轴承中（由内向外安装），将已安装好的曲轴的另一端固定在轴一上，此时可将曲轴两端的螺钉打紧，然后将左传动轴压盖固定在轴一上，再将左传动轴的闷盖装上，并将螺钉预紧
5	最后在轴二上装键，固定同步轮，然后转动同步轮，曲轴转动灵活，无卡阻现象

（3）冲压部件的装配与调试。将压头连接体安装在曲轴上。

（4）冲压机构导向部件的装配与调试。

①将滑套固定垫块固定在滑块固定板上，然后再将滑套固定板加强筋固定，安装好冲头导向套，螺钉为预紧状态。

②将冲压机构导向部件安装在自动冲床上，转动同步轮，冲压机构运转灵活，无卡阻现象，最后将螺钉锁紧，再转动同步轮，调整到最佳状态，在滑动部分加少许润滑油。

③装配完成后的效果图如图 2-1-7 所示。

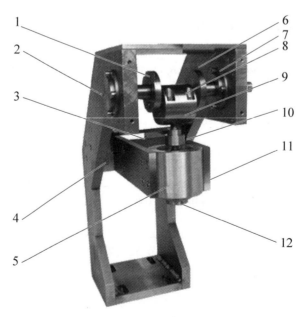

图 2-1-7　自动冲床装配效果图

1—轴一；2—闷盖；3—滑套固定板加强筋；4—滑套固定板垫块；
5—冲头导向套；6—轴二；7—透盖；8—曲轴上端盖；9—曲轴下端盖；
10—压头连接体；11—滑块固定板；12—模拟冲头

四、自动冲床部件的手动运行与调试

将手轮上的手柄拆下,安装在同步轮上,摇动手柄,观察模拟冲头运行状态,多运转几分钟,仔细观察各个部件是否运行正常,正常后加入少许润滑油。实训步骤可根据实际安装情况更改。

五、实训工具设备

装配与调试间歇回转工作台和自动冲床机构的工具如表 2-1-22 所示。

表 2-1-22　装配与调试间歇回转工作台和自动冲床机构的工具

序号	名称	型号及规格	数量	备注
1	机械装调技术综合实训装置	THMDZT-1 型	1 套	
2	内六角扳手		1 套	
3	橡胶锤		1 把	
4	长柄十字螺钉旋具		1 把	
5	三角拉马		1 个	
6	活扳手	250 mm	1 把	
7	圆螺母扳手	M16、M27 圆螺母用	各 1 把	
8	外用卡簧钳	直角 7 寸	1 把	
9	防锈油		若干	
10	紫铜棒		1 根	
11	轴承装配套筒		1 套	
12	普通游标卡尺	300 mm	1 把	
13	深度游标卡尺		1 把	
14	杠杆式百分表	0.8 mm,含小磁性表座	1 套	
15	大磁性表座		1 个	
16	塞尺		1 把	
17	零件盒		2 个	

❖ 任务评价

完成上述任务后,认真填写表 2-1-23。

表 2-1-23 装配与调试间歇回转工作台和自动冲床机构评价表

组别			小组负责人		
成员姓名			班级		
课题名称			实施时间		
评价指标	配分	自评	互评	教师评	
能选择适当的装配工、量具	10				
间歇回转工作台蜗杆部分的装配操作正确	5				
间歇回转工作台锥齿轮部分的装配操作正确	5				
间歇回转工作台增速齿轮部分的装配操作正确	10				
间歇回转工作台蜗轮部分的装配操作正确	5				
间歇回转工作台槽轮拨叉部分的装配操作正确	5				
间歇回转工作台整个工作台的装配操作正确	5				
自动冲床轴承的装配与调试操作正确	10				
自动冲床曲轴的装配与调试操作正确	10				
自动冲床冲压部件的装配与调试操作正确	10				
自动冲床冲压机构导向部件的装配与调试操作正确	5				
自动冲床部件的手动运行与调试操作正确	10				
着装符合安全规程要求	5				
能实现前、后知识的迁移,主动性强,与同伴团结协作	5				
总计	100				
教师总评 (成绩、不足及注意事项)					
综合评定等级(个人30%,小组30%,教师40%)					

模块三　典型机电设备装调技术

项目一　带锯床的安装调试与维护技术

任务一　带锯床本体的安装与调试

❖ **任务实施**

本任务学习带锯床本体的结构及其安装调试方法。

一、GB4240 带锯床安装

GB4240 金属带锯床具有大量的运用，它的安装过程具有一定的典型性和代表性。

1. 搬运

用吊车或叉车，将锯床移到安装位置。搬运注意事项如下。

（1）锯床起吊时，将吊绳与锯床连接后挂在起重设备的吊钩上，试吊找平衡后，再进行正式起吊，以免发生设备和人身安全事故。

（2）锯床出厂前，为了防止因运输途中的颠簸造成零部件损坏，在锯架的背面已经用固定板将锯架与钳体连接在一起，锯床安装完毕后，应拆除锯架与钳体连接的固定板。吊装位置如图 3-1-1 所示。

2. 安装与水平调整

（1）预制基础时，将电源引至指定的电源位置。

（2）将锯床安装在平整的混凝土结构基础上，用 4 根 M16×300 mm 的预埋地脚螺栓将其固定。

（3）安装调平时，一般情况下，可将锯床的左部和后部略高于右部和前部，以便冷却液能顺利地流回冷却液箱。如果锯床配备承料架，则用平尺来确认锯床本体钳口平面，其送料钳平面、托辊上面应与其等高或略高出 0~0.12 mm。电源线已从锯床的内部引出。安装基础如图 3-1-2 所示。

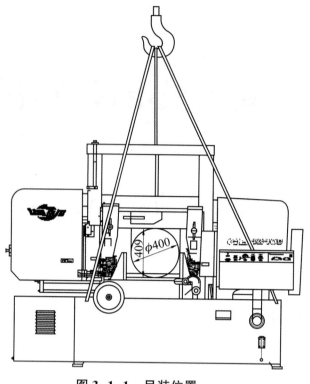

图 3-1-1　吊装位置

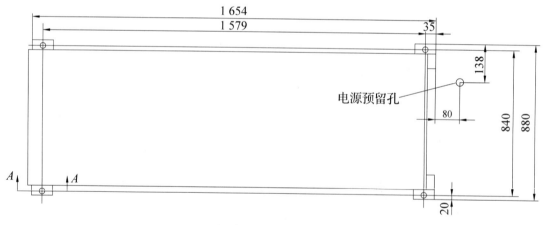

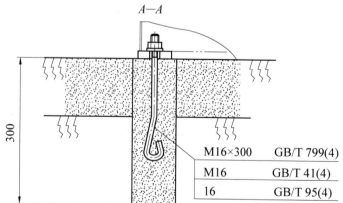

图 3-1-2　安装基础

二、GB4240 带锯床调试操作

GB4240 带锯床调试操作步骤如下。

(1) 液压油的添加,具体步骤如表 3-1-1 所示。

表 3-1-1　液压油的添加步骤

序号	步骤内容
1	观察液压油位窗口,检查液压油液位位置是否在正常位
2	若低于最低线则添加液压油
3	注油时,请用滤网过滤,加至油标线中间位置即可。注:该锯床推荐使用抗磨液压油,根据环境温度差别选择不同黏度的液压油,一般南方推荐使用 L-HM68,北方推荐使用 L-HM32,其他地区可选用 L-HM46。油箱容量为 49 L

(2) 切削液的添加,具体步骤如表 3-1-2 所示。

表 3-1-2　切削液的添加步骤

序号	步骤内容
1	观察切削液量是否符合生产要求
2	当切削液量不足时,添加切削液。注:该锯床锯削普通金属材料推荐使用防锈水溶性切削液,试锯时使用 MH-2 环保型精磨液,稀释 20 倍。冷却液箱容量为 43 L

(3) 电源连接,具体步骤如表 3-1-3 所示。

表 3-1-3　电源连接步骤

序号	步骤内容
1	将三相四线电源线连接到锯床的电源引入线端,并做好绝缘处理
2	电气接线。注:该锯床使用电源三相 380 V 50 Hz,电动机额定容量为 5.59 kW,请根据配线长度及配线方法(一般用 4 芯线),决定电源电缆的种类和规格(线规至少为 4 mm^2)

(4) 试车准备,具体步骤如表 3-1-4 所示。

表 3-1-4　试车准备步骤

序号	步骤内容
1	清除涂于锯床表面的防锈油和防锈纸
2	略松开夹紧油缸侧和锯架升降油缸侧的液压管接头螺母(约松开 3/4 圈)
3	合上车间侧的电源开关,按下油泵起动按钮,将控制锯架升降操作手柄扳至快升位置,检查锯架是否上升,如果不上升,则任意调整引入线的两根相线即可
4	操纵控制锯架升降的操作手柄和控制夹紧转阀,使锯架升降油缸和夹紧油缸往复运动,以排除液压系统里的空气(已松开的液压管接头处无气泡冒出,油缸运动不爬行),排完气后,拧紧松开的液压管接头螺母

(5) 安装带锯条。

(6) 空运转试验。带锯条安装结束后，此时可调整锯速为最低速，按下带锯条运转按钮，冷却液喷出，使带锯条从低速至高速运转约 30 min，待空运转正常后，再进行锯削试验。

(7) 导向臂位置调整。锯架上装有左、右两个导向臂，右导向臂是固定的，位置不需要调整；左导向臂是活动的，用户应根据被锯削工件的直径，正确地固定好左导向臂的位置，调整步骤如表 3-1-5 所示。

表 3-1-5　导向臂位置调整步骤

序号	步骤内容
1	拉下左导向手上的锯条夹持手柄，松开左导向臂锁紧手柄，然后用手移动左导向臂
2	位置确定后，轻柔地左右摇动左导向臂的下端，使其与导轨完全配合后，拧紧锁紧手柄，并推上带锯条夹持手柄

(8) 钢丝刷轮位置调整。钢丝刷轮的作用是清扫锯条容屑槽内的积屑，正确的安装位置可彻底清扫锯条容屑槽的积屑，达到延长带锯条寿命的目的。操作方法如下：

①松开钢丝刷轮盒上的锁紧手柄；

②用手移动钢丝刷轮盒，使钢丝刷轮与带锯条接触恰当（钢丝刷轮接触 2/3 齿高）；

③后扳紧锁紧手柄，钢丝刷轮位置如图 3-1-3 所示。

图 3-1-3　钢丝刷轮位置

(9) 按操作说明操作带锯床。待上述准备工作完成后，对锯床送电（三相 380 V/50 Hz），合上电源开关，操作面板（见图 3-1-4）上的电源指示灯 1 亮，此时锯床已处于工作待命状态。打开照明灯开关，照明灯亮。顺时针转动总停按钮 6 使之复位（此按钮有自锁功能），按下液压起动按钮 9，此时油泵电动机运转；按动钳口松开按钮 4，钳口松开，安装好工件之后，按动钳口夹紧按钮 5，钳口夹紧；此时，按下锯削按钮 8，锯床开始切削，同时冷却液不断的从左、右导向手及钢丝刷轮处喷出，对工件进行冷却；当锯切到底，工作进给停止，主电动机、冷却电动机停止工作，锯架自动上升至设定高度，一次锯切过程结束。调节立柱上行程撞块，可自由控制锯架上升高度。

(10) 进给速度选择。空运转时，顺时针转动锯架进给速度调整旋钮 12，锯架下降快；反之则慢。当锯切材料时，可根据材料的尺寸大小，材质的不同，确定手柄的位置（参见铭牌上推荐位置）。

(11) 带锯条跑合锯切。新锯条在正常锯切前必须进行跑合锯切，否则将缩短带锯条的使

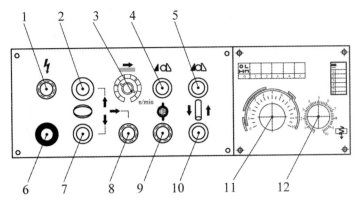

图 3-1-4 操作面板示意图

1—电源指示灯；2—锯架上升按钮；3—锯条调速旋钮；4—钳口松开按钮；
5—钳口夹紧按钮；6—总停按钮；7—锯架下降按钮；8—锯削按钮；9—液压起动按钮；
10—送料旋钮（特殊订货）；11—切削压力调整旋钮；12—锯架进给速度调整旋钮

用寿命，具体步骤如表 3-1-6 所示。

表 3-1-6 带锯条跑合锯切步骤

序号	步骤内容
1	将带锯条速度降至正常状态的一半
2	将进给量降至正常状态的一半（延长切削时间）
3	带锯条跑合工作时，应注意锯切时是否有异常的噪音，如果有噪音则检查噪声是否被排除。一般情况下，跑合锯切截面积至少要锯切相当于 5 个直径为 200 mm 的完整切片，即 $5 \times 314 \text{ cm}^2 = 1\,570 \text{ cm}^2$。合锯切结束后，将带锯条速度和进给量逐渐调整至正常状态

❖ 任务评价

完成上述任务后，认真填写表 3-1-7。

表 3-1-7 带锯床本体的安装与调试评价表

组别		小组负责人	
成员姓名		班级	
课题名称		实施时间	
评价指标	配分	自评	互评	教师评
正确接线	20			
正确操作带锯床	25			
正确调整钢丝刷轮位置	10			
正确磨合带锯条	10			

续表

遵守课堂纪律	15			
评价指标	配分	自评	互评	教师评
着装符合安全规程要求	15			
能实现前、后知识的迁移，主动性强，与同伴团结协作	5			
总计	100			
教师总评 （成绩、不足及注意事项）				
综合评定等级（个人30%，小组30%，教师40%）				

任务二　带锯条的安装与调试

❖ 任务实施

本任务学习带锯条的安装与调试方法。

带锯条的安装调试步骤如下。

（1）按图 3-1-5 所示的方法，解开带锯条。

(1)齿尖向左，用手握住带锯条成束部分(交叉在一起之处)。

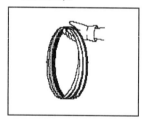

(2)解开带锯条，右手握住2根(呈X形)，左手握住另外的一根。

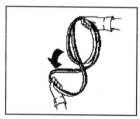

(3)如图用左手握紧下部X形交叉部分。

(4)牢握带锯条交叉部分，放开右手。

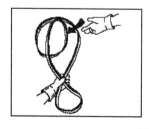

(5)左手手背朝向自己，从下方朝对面方向缓缓解开右手的圆。

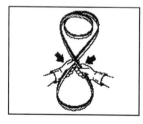

(6)两手各握一根X形处的带锯条，向外扭转使其打开成轮状。

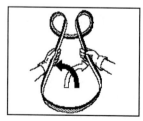

图 3-1-5　带锯条的展开方法

(2) 起动锯床油泵,升起锯架至右导向臂的下端直至超过固定钳口。

(3) 打开主、被动轮罩。

(4) 拉下左、右导向手上的锯条夹持手柄。

(5) 将带锯条套在主、被动轮上,再将锯条扭转后装入左、右导向手内,并且将带锯条背部紧靠主动轮的止口,不让锯条脱落。

(6) 将带锯条背部紧靠被动轮,顺时针旋转被动锯轮张紧手柄,旋至滚花环端面齿啮合,且不能再旋转为止,这时的锯带张紧力是恰当的。

(7) 推上左、右导向手上的夹持手柄,合上主、被动轮罩,至此,带锯条安装结束。

注意:展开带锯条时务必戴上手套!

❖ 任务评价

完成上述任务后,认真填写表 3-1-8。

表 3-1-8 带锯条的安装与调试评价表

组别			小组负责人		
成员姓名			班级		
课题名称			实施时间		
评价指标		配分	自评	互评	教师评
防护措施正确		20			
锯架升起位置正确		25			
夹持手柄操作正确		10			
锯带张紧力正确		10			
遵守课堂学习纪律		15			
着装符合安全规程要求		15			
实现知识迁移,团结协作		5			
总计		100			
教师总评 (成绩、不足及注意事项)					
综合评定等级(个人30%,小组30%,教师40%)					

项目二　数控机床的安装调试与维护技术

任务一　数控机床本体的安装与调试

❖ 任务实施

本任务学习 CKA6140 数控机床安装准备、机床开箱、机床外观检查、随机物品检查、机床本体安装等流程及相关注意事项。

一、CKA6140 安装准备

1. 安装位置准备

(1) 在数控设备车间，保证数控车床设备和其他设备之间的距离足够 1~1.5 m。
(2) 远离震源。
(3) 选择远离窗户的位置，避免阳光照射和热辐射的影响。
(4) 避免潮湿。
(5) 环境洁净。

2. 安装地基准备

(1) 安装车床地基必须是坚固的混凝土。
(2) 准备好与机床连接的电缆、管道的位置及尺寸。
(3) 预留地脚螺栓、预埋件的位置。
(4) 要留有安装、调试和维修时所需的空间。

二、CKA6140 开箱

本机床外包装箱采用木质包装箱，安装前，必须将包装箱拆除，请按下列内容进行：
(1) 卸去包装箱上所有的螺钉，并将木板移开；
(2) 卸去包装底板与框架连接的所有螺钉；
(3) 将包装箱框架移开；
(4) 卸下机床床脚两侧的面板；
(5) 卸掉机床底部的 4 颗连接螺母；
(6) 将机床吊起，移开包装底板即可。

注意事项如下。

(1) 在拆卸包装箱时，一定要注意不要让包装箱板碰坏机床，特别是机床的电动机、电气柜、CRT 显示器和操作面板等。

（2）在开箱之前，要将包装箱运至所要安装的机床位置的附近，避免在拆箱后搬运较长的距离而引起较长时间振动和灰尘、污物的侵入。当室外温度与室内温度相差较大时，应当使机床温度逐步过渡到室温，避免由于温度的突变造成空气中的水汽凝聚在数控机床的内部零、部件或电路板从而引起腐蚀。

（3）开箱要取得生产厂商的同意，最好厂商也在现场，一旦发现运输过程的问题可及时解决。

三、检查外观

机床包装箱及包装密封均被打开以后，要认真、彻底地检查数控机床的全部外观，具体检查内容如下。

（1）检查 CKA6140 数控机床主体外观有无损坏或锈蚀，若有，则及时和厂家联系进行协商处理。

（2）检查 CKA6140 数控机床刀架上零、部件外观有无破损，若有，则及时与厂家联系协商处理。

（3）检查 CKA6140 数控机床尾座零、部件有无破损，若有，则及时与厂家联系协商处理。

（4）检查 CKA6140 数控机床冷却管外观有无破损，若有，则及时与厂家联系协商处理。

（5）检查 CKA6140 数控机床电气柜内部有无破损元件和脱落线头，若有，则及时与厂家联系协商处理。

（6）检查 CKA6140 数控机床外观壳体有无掉漆和破损变形，若有，则及时与厂家联系协商处理。

（7）检查 CKA6140 数控机床数控系统外观有无损伤，若有，则及时与厂家联系协商处理。

（8）检查 CKA6140 数控机床附件外观有无损伤，若有，则及时与厂家或有关部门联系。

四、按装箱单查对机床附件、备件、工具及资料说明书

CKA6140 设备装箱单拿到之后，按照清单认真查对各附件、备件、工具、刀具及有关资料和说明书等。通常在核对装箱单时，厂商代表、商检部门人员都要在场，以便出现问题及时登记、处理、解决。对装箱单和物品逐一进行核对检查，并做好记录。清单如表 3-2-1~表 3-2-3 所示。

表 3-2-1　主机及装在主机上的附件

序号	品名及配置	数量	单位
1	CKA6140 数控机床	1	台
2	CNC 系统及电气柜	1	套

续表

序号	品名及配置	数量	单位
3	冷却泵	1	套
4	润滑装置	1	套
5	主传动 V 带	1	套
6	自定心卡盘	1	个
7	可调减震铁	6	个

表 3-2-2　分开放置的工具

序号	品名及配置	数量	单位
1	14~17 mm 开口扳手	1	把
2	一字头螺钉旋具（5 寸，1 寸 = 3.33 cm）	1	把
3	十字头螺钉旋具（5 寸）	1	把
4	4 mm 内六角扳手	1	把
5	6 mm 内六角扳手	1	把
6	8 mm 内六角扳手	1	把
7	顶尖（MT4）	1	个
8	三爪扳手	1	套
9	反爪	1	套

表 3-2-3　随机技术文件

序号	品名及配置	数量	单位
1	装箱单	1	份
2	合格证书（含精度检验单）	1	份
3	使用说明书	1	份
4	FANUC 系统使用说明书	1	份
5	电动刀架使用说明书	1	份
6	变频器说明书	1	份
7	主轴电动机说明书	1	份
8	FANUC 驱动说明书	1	份

五、机床吊装与就位

CKA6140 数控机床吊装与就位步骤如表 3-2-4 所示。

表 3-2-4 机床吊装与就位步骤

序号	步骤内容
1	打开机床包装箱柜
2	用叉车插入机床床身底部
3	叉车抬起机床并向目标地点驶入
4	到达目标地点后把机床平稳放置在安装位置上。注：在叉车运输过程中要保持平衡，在叉车运输过程中避免机床受到冲击

六、机床初步安装

CKA6140 数控机床初步安装步骤如表 3-2-5 所示。

表 3-2-5 机床初步安装步骤

序号	步骤内容
1	当基础固化后，借助于叉车运输数控机床到达目的地
2	从附件箱中取出防震垫脚，并分别将防震垫脚旋入床体安装螺孔内
3	将机床慢慢地放下，使机床防震垫脚接触安装地面，初调防震垫脚即可

❖ 任务评价

完成上述任务后，认真填写表 3-2-6。

表 3-2-6 数控机床本体的安装与调试评价表

组别		小组负责人	
成员姓名		班级	
课题名称		实施时间	
评价指标	配分	自评	互评	教师评
开箱验收记录	10			
工具使用操作正确	25			
随机物品检验正确	10			
吊装步骤正确	20			
遵守课堂学习纪律	15			
着装符合安全规程要求	15			

续表

评价指标	配分	自评	互评	教师评
能实现前、后知识的迁移,主动性强,与同伴团结协作	5			
总计	100			
教师总评 (成绩、不足及注意事项)				
综合评定等级(个人30%,小组30%,教师40%)				

任务二 数控系统的安装与调试

❖ 任务实施

本任务学习 CKA6140 数控机床数控系统的安装与调试基本流程。

一、数控机床数控系统的安装与调试

1. 硬件安装和连接简介

(1) 在机床不通电的情况下,按照电气设计图纸将 CRT/MDI 单元,CNC 主机箱,伺服放大器,I/O 板,机床操作面板,伺服电动机安装到正确位置。

(2) 完成基本电缆连接,连接示意图如图 3-2-1~图 3-2-3 所示。

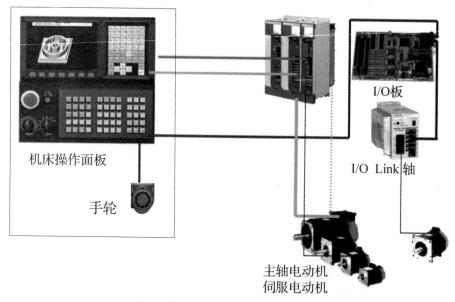

图 3-2-1 电动机、伺服放大器、CNC 装置连接示意图

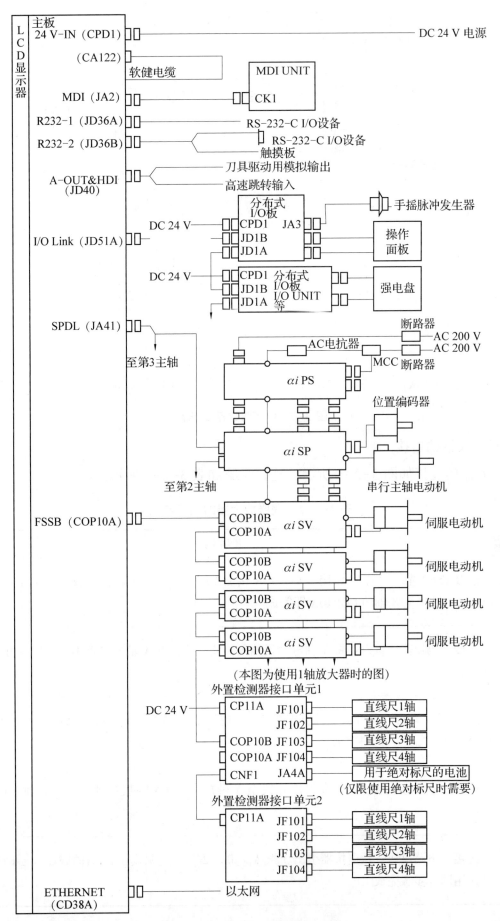

图 3-2-2　CNC 装置接口连接

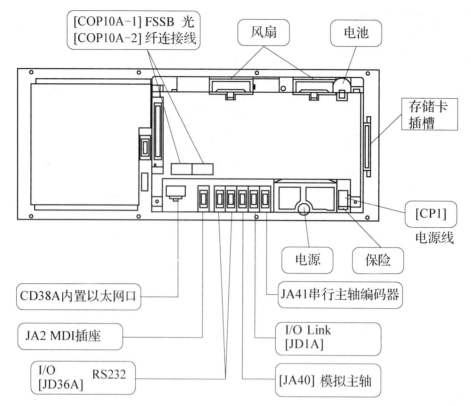

图 3-2-3　CNC 接口布局

2. 伺服放大器的连接

伺服放大器的连接如图 3-2-4 所示，连接步骤如表 3-2-7 所示。

表 3-2-7　伺服放大器的连接步骤

序号	步骤内容
1	连接 FSSB 光纤：从 CNC 接口 COP10A 接上光纤，连接至 X 轴伺服放大器 COP10B，从 X 轴 COP10A 连接至 Z 轴的 COP10A 即完成
2	连接编码器信号接口：将 X 轴电动机编码器线缆连接至 X 轴放大器 JF1 接口即可，Z 轴采用同样方法
3	连接 24 V 电源：从开关电源引出 24C，并连接至 X 轴 CXA19B 接口，再从 X 轴 CXA19A 连接至 Z 轴 CXA19B 即可完成
4	连接急停信号：从急停开关引出导线至 X 轴放大器 CX30 接口即完成，Z 轴采用同样步骤完成
5	连接主电路电源：从电抗器引出 3 根 AC 200~240 V 电源线至 X 轴伺服放大器即可完成，Z 轴采用同样步骤完成

项目二 数控机床的安装调试与维护技术 41

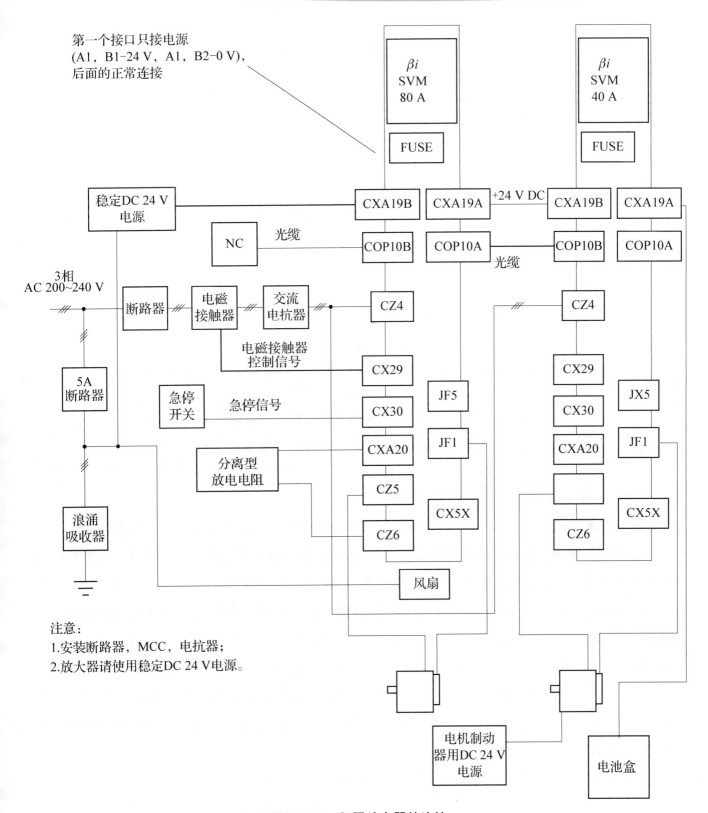

图 3-2-4 伺服放大器的连接

3. 模拟主轴的连接

选择模拟主轴接口 JA40，系统向外部提供 0~10 V 模拟电压，接线比较简单，注意极性不要接错，否则变频器不能调速。模拟信号接口定义如图 3-2-5 所示。

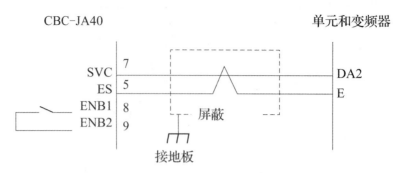

图 3-2-5　模拟信号接口定义

二、开机调试

1. 通电前的检查项目

（1）检查 24 V 电源的连接，具体步骤如表 3-2-8 所示。

表 3-2-8　检查 24 V 电源步骤

序号	步骤内容
1	确认 CNC 的 24 V 电源是否正常，CNC 系统 DC 24 V 的容量最好在 5 A 以上
2	确认 I/O 模块的 24 V 电源连接、I/O 接口信号确认有无短路现象

（2）检查 I/O Link 的连接和手轮的连接。

①如果配有分线盘式 I/O，检查 C001/C002/C003 的连接扁平电缆，方向不能接错。

②对于长距离的传输，由于需要采用光 I/O Link 适配器和光缆配合进行传输，故两端采用的 I/O Link 电缆和普通短距离的 I/O Link 电缆不同（含 5 V 驱动电源），确认其型号为 A03B-0807-K803（如果连接不当，PMC 将出现 ER97 报警，普通的 I/O Link 电缆型号为 A02B-0120-K842），确认 JD51A-JD1B（或 JD1A-JD1B）插座的连接方式（保证 B 进 A 出的原则，最后一个 I/O 模块的 JD1A 口空置），图 3-2-6 为一个连接范例。

③检查与模块连接的电源是否有短路，注意公共端的连接是否正确。通电完毕之后，检查 I/O 模块上的指示灯是否被点亮，检查手轮接口的连接位置是否正常（JA3 或则 JA58 口可连接手轮设备）。

（3）检查电气柜动力电源线的连接，具体步骤如表 3-2-9 所示。

表 3-2-9　检查电气柜动力电源线步骤

序号	步骤内容
1	检查与 PSM 模块的接线，包括空气开关、接触器、电抗器
2	检查 CX3 与 MCC 接线
3	检查急停开关 CX4 的接线

续表

序号	步骤内容
4	检查电气柜内各动力线端子、螺钉是否有松动，接线是否与设计一样
5	通电前，要确认总空气开关处于断开状态

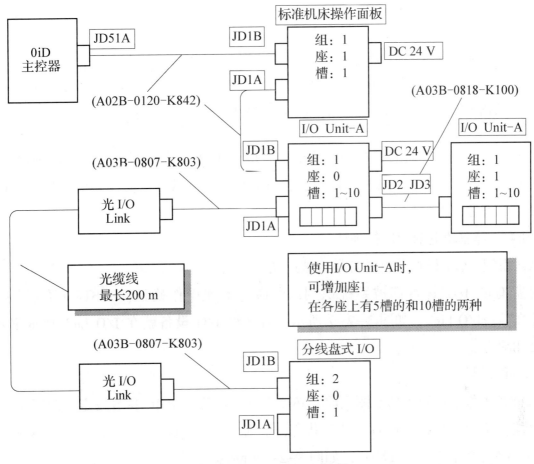

图 3-2-6　I/O Link 连接

（4）检查主轴电动机、伺服电动机动力线及其反馈线的连接是否正确，具体步骤如表 3-2-10 所示。

表 3-2-10　检查主轴电动机、伺服电动机动力线及其反馈线步骤

序号	步骤内容
1	对于伺服电动机，要着重检查动力线的相序（U/V/W）是否正确、反馈线的插头与放大器的动力线是否一致，即：L/M – JF1/JF2；检查电动机带制动抱闸接口的连线
2	对于主轴电动机，检查电动机动力线的相序（U/V/W）是否正确，连接是否可靠；电动机反馈的插头连接是否正确

（5）检查伺服放大器（SVM）模块的连接。

对于 0i-Mate-D 系统，如果使用 BiSV40 的放大器，且不使用外置放电电阻的情况下，务必将接口 CZ6（A1，A2）、CXA20（1，2）引脚分别短接，避免出现 SV440 报警。

2. 通电检查

电气系统通电遵循先弱电、后强电的逐步通电的顺序，并在通电过程中要注意电气柜的电器元件，如果有异响、异味，则需要迅速切断总电源。

（1）根据设计电气图，逐一检查各节点电源是否正常，具体步骤如表 3-2-11 所示。

表 3-2-11　根据设计电气图检查各节点电源步骤

序号	步骤内容
1	压下急停按钮，断开主要节点开关，逐一闭合各节点开关，并检查各节点的输入是否正常
2	检查包括 24 V 供电回路，主轴和伺服的 380 V 或者 220 V 电源供电回路是否正确
3	如果发生异常，则及时断电后排除故障，查清原因；原因不清，不应再次盲目通电

（2）按照顺序，逐一通电。按照先系统、后接口 I/O，先伺服和主轴、后强电的通电顺序逐一通电，发现异常后，立即检查断电，检查分析，排除故障，直至系统、接口 I/O、伺服和主轴的供电正常为止。

（3）24 V 等驱动电源的连接确认。

①确认系统，I/O 设备的电源灯是否被点亮。

②对所有的 I/O 是否都被系统识别，可通过下列操作确认：SYSTEM 右扩展 2 次→"PMC 维修"→I/O Link，如图 3-2-7 所示，有几组 I/O 设备就在 I/O Link 画面显示几行，如图 3-2-8 所示。

3. 梯形图的导入

（1）准备工作。在导入梯形图之前，必须先进行相关的 PMC 参数设定，使用左、右光标操作将"编辑器功能有效"置为"是"状态，否则无法导入梯形图，操作如下：SYSTEM→右扩展 2 次"PMC 配置"→"设定"，如图 3-2-8 所示。

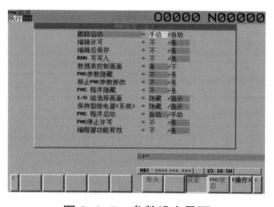

图 3-2-7　参数设定界面

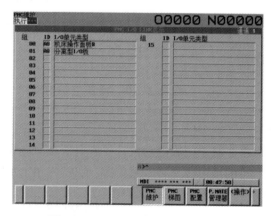

图 3-2-8　I/O Link 显示界面

（2）梯形图的导入。

①对于梯形图的创建和编辑，建议使用计算机进行；将编好的梯形图（注意梯形图的类型和系统的匹配）编译后转换为卡格式，通过存储卡装入系统。操作如下：SYSTEM→右扩展

2次→"PMC 维修"→"I/O- 操作"→"列表"→"选择文件"→"执行",如图 3-2-9 所示。

②该界面可以同时进行梯形图参数的传输。例如,本例中,此时单击"执行"表示从"存储卡"读取文件"123",系统会自动识别是 PMC 或者是 PMC 参数。

③在系统提示传输完成之后,不得马上断电。因为执行之后,梯形图虽然已经被载入系统,但未写入 FALSH ROM,由于系统再次上电时是从 FLAS HROM 中读取梯形图来执行扫描的,因此需要将梯形图写入 FLASH ROM 进行保存,在同样的界面中,使用光标操作,将各项选择为图 3-2-10 所示,单击"执行"就可。

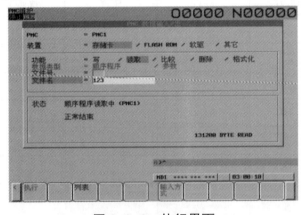

图 3-2-9 执行界面

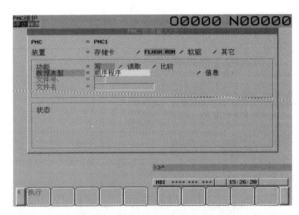

图 3-2-10 选项选择界面

④导入梯形图并保存后,梯形图会处在停止状态,需要手动启动梯形图扫描,具体操作如下:"SYSTEM"→右扩展 2 次→"PMC 配置"→"PMC 状态"→"操作"→"启动/停止",其中单击"启动/停止"可以对梯形图的扫描进行启动/停止操作,如图 3-2-11 所示。

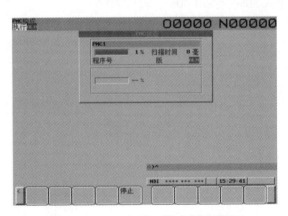

图 3-2-11 启动/停止操作界面

注意:如果在 PMC 参数设定画面中将"PMC 程序启动"选择为"自动",也可直接重启系统。

❖ 任务评价

完成上述任务后,认真填写表 3-2-12。

表 3-2-12 数控系统的安装与调试评价表

组别			小组负责人		
成员姓名			班级		
课题名称			实施时间		
评价指标		配分	自评	互评	教师评
信号电缆的连接正确		20			
电源线的连接正确		25			
系统参数的设定正确		10			
开机调试正确		10			
遵守课堂学习纪律		15			
着装符合安全规程要求		15			
能实现前、后知识的迁移,主动性强,与同伴团结协作		5			
总计		100			
教师总评 (成绩、不足及注意事项)					
综合评定等级(个人 30%,小组 30%,教师 40%)					

项目三　电梯的安装调试与维护技术

任务一　电梯导轨的安装与调试

❖ 任务实施

电梯导轨是确保轿厢和对重装置按设定要求做垂直运动的机件，其安装质量的好坏直接影响电梯的运行效果和乘坐舒适度。本任务学习电梯导轨的安装调试步骤。

一、导轨支架固定

1. 轿厢导轨支架和对重导轨支架布置

导轨支架的布置方法如图 3-3-1 所示。

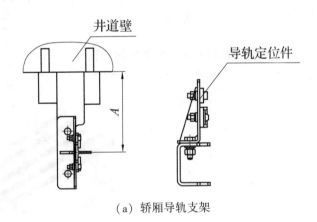

(a) 轿厢导轨支架

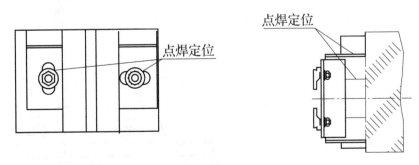

(b) 对重导轨支架

图 3-3-1　导轨支架的布置方法

导轨支架的布置应满足一根导轨至少应有 2 个导轨支架，其间距不大于 2.5 m，但上端最后一个导轨架与机房楼板的距离不得大于 500 mm。

2. 导轨支架安装

(1) 按样板架上的基准线确定导轨支架的位置,由上往下或由下往上安装导轨支架,校正导轨支架的水平,固定导轨支架,导轨调整完毕后对导轨支架可调整部位进行焊接定位,焊缝堆积高度大于等于 5 mm。

(2) 导轨调整完毕后,使膨胀螺栓或穿墙螺栓垫片与支架焊接定位,如图 3-3-2 所示。

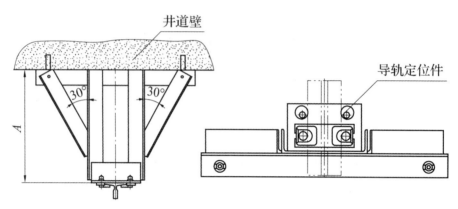

图 3-3-2 焊接定位

二、导轨的安装

导轨的安装过程如下。

(1) 准备工作,具体步骤如表 3-3-1 所示。

表 3-3-1 准备工作步骤

序号	步骤内容	示意图
1	将导轨置于合适的工作高度	
2	在清洁轨道时确保工作高度合适	

续表

序号	步骤内容	示意图
3	用目测的方式检查导轨在水平和垂直方向是否平直，无扭曲；必要时可通过器具测量	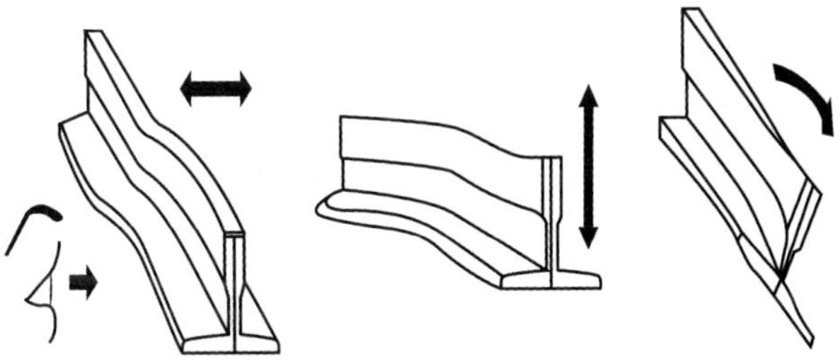
4	检查导轨接头，必要时可用器具进行打磨	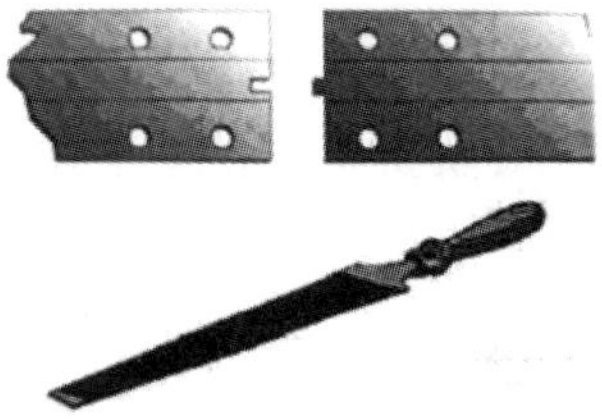

（2）安装导轨，具体步骤如表3-3-2所示。

表3-3-2　安装导轨步骤

序号	步骤内容	示意图
1	两侧地面以上第一根导轨接头应该在同一水平面，如右图所示	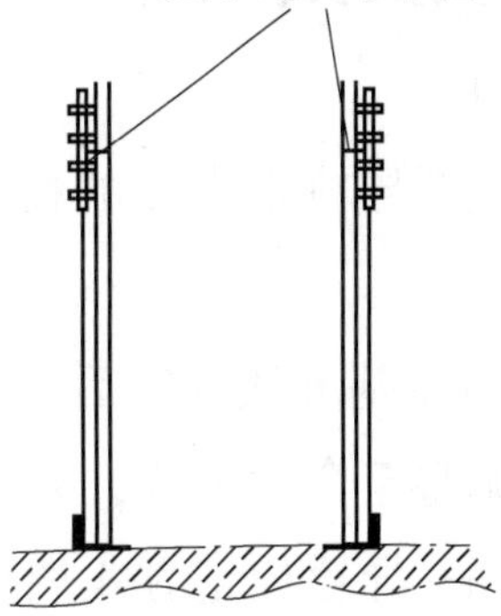 处于同一水平面
2	用气割工具截取所需长度的导轨，切口应该修整磨平	略
3	在低空放置导轨部位铺设木板，防止导轨接头处受损。采用导轨接导板朝上的方式把导轨放入底坑	略
4	如果底坑里的空间不足以摆放所有的导轨，仅按需搬运导轨至底坑。余下的导轨可以按工作进度按需搬运至底坑	略
5	在导轨支架上标出与样线吻合的标记	略

序号	步骤内容	示意图
6	根据导轨支架间距数据及样线位置标出导轨支架安装位置钻孔	

三、导轨、导轨接头、导轨支架的校正

1. 导轨的校正

导轨的校正包括导轨垂直度的校正和导轨平行度的校正及导轨距的校正，导轨安装时按要求记录。

（1）导轨垂直度基准线确定后，用导轨卡板由下向上测量每列导轨的每挡支架和导轨连接板处的尺寸，调整至合适位置，并做好记录。用 300 mm 钢直尺测量导轨顶面与样线 A 的间距，调整为 25 mm。导轨校正方式如图 3-3-3 所示。

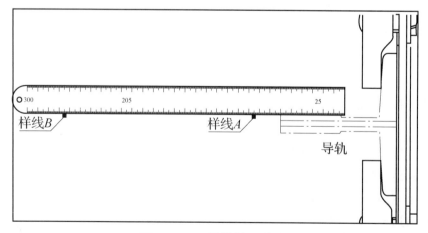

图 3-3-3　导轨校正方式

（2）使导轨与样线的垂直偏差小于等于 0.5 mm，参照表 3-3-3。

表 3-3-3 导轨与样线的垂直参照表

轿厢净宽/mm	对应的轿厢导轨距	样线 A 偏差值/mm
1 100		≤5
1 200		≤5.5
1 300		≤6
1 400	见土建图	≤6
1 500		≤6.5
1 600		≤7
1 700		≤7

注：校准完整列导轨后取测量值间的相对最大偏差值应不大于上述规定值的 2 倍。

（3）在接近导轨支架处测量两列导轨的轨距（DBG）偏差 = 0 ~ +1 mm，对重导轨 DBG 偏差 = 0 ~ +2 mm（必要时可用调整垫片修正）。导轨轨距测量位置如图 3-3-4 所示。

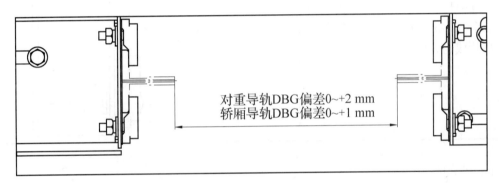

图 3-3-4 导轨轨距测量位置

2. 导轨接头处的校正

导轨接头处的校正，具体步骤如表 3-3-4 所示。

表 3-3-4 导轨接头处的校正步骤

序号	步骤内容	示意图
1	使用直线度为 0.01/300 的平直尺测量导轨接头处，台阶应不大于 0.05 mm	

续表

序号	步骤内容	示意图
2	当导轨接头处台阶大于 0.05 mm 时，应用锉刀对接头处进行修正，修正长度大于等于 300 mm	
3	导轨调整完毕后对调整垫片超过 2 片的部位进行点焊，使多片垫片成为一体	

3. 导轨支架的校正

依照样线检查导轨支架的安装位置并进行校正。在满足导轨面距的条件下，确保导轨支架与导轨之间塞入不少于 1 mm 厚的调整垫片。导轨支架安装位置如图 3-3-5 所示。

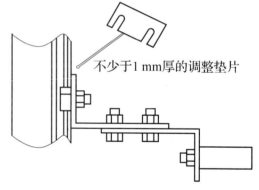

图 3-3-5　导轨支架安装位置

四、导轨清理

1. 导轨的清洁

轿厢、对重导轨安装结束后，应进行清理工作。用回丝擦去导轨表面的防锈油，禁止使用稀释剂、汽油、氯化物类溶剂。去油剂如表 3-3-5 所示，防锈油的去除标准如表 3-3-6 所示。

表 3-3-5　去油剂表

适用	去油剂	备注
推荐品	矿质松节油 一般煤油	（1）引火性虽不强，但要充分注意防火。 （2）无毒性

表 3-3-6 防锈油的去除标准

区分 基准	轿厢侧		对重侧	
	$v \leq 1$ m/s	$1.0 < v \leq 2.5$ m/s	$v \leq 1.0$ m/s	$1.0 < v < 2.5$ m/s
安全去除	√	√		√
不用去除			√	

2. 去除防锈油

（1）轿厢架组装时，在利用安全钳使轿厢停在导轨上时，要完全除去安全钳夹持部分上、下 1 m（共 2 m）范围内的防锈油。

（2）速度为 1.0 m/s 的轿厢侧导轨及对重侧导轨要在低速运行开始前去除防锈油。

❖ 任务评价

完成上述任务后，认真填写表 3-3-7。

表 3-3-7 电梯导轨的安装与调试评价表

组别		小组负责人	
成员姓名		班级	
课题名称		实施时间	
评价指标	配分	自评	互评	教师评
理论题作答是否完全正确	20			
导轨支架水平度的检查考核	25			
导轨垂直度的检查考核	10			
导轨距测量的正确与否	10			
遵守课堂学习纪律	15			
着装符合安全规程要求	15			
能实现前、后知识的迁移，主动性强，与同伴团结协作	5			
总计	100			
教师总评（成绩、不足及注意事项）				
综合评定等级（个人 30%，小组 30%，教师 40%）				

任务二　电梯层门的安装与调试

❖ 任务实施

电梯门系统在使用中一直是造成乘用人员人身伤害的多发位置，所以门系统正确的安装与调试尤为重要。本任务学习电梯门系统的安装与调试。

一、层门地坎的安装

（1）根据样板架上悬挂的门口铅垂线的宽度 F，安装前在地坎厚度为 a 的平面上，刻以安装地坎用的标记。根据铅垂线施放尺寸及土建预留标高，安装层门地坎，保证 $b=b1$。层门地坎安装位置如图 3-3-6 所示。

（2）将地坎、地坎托架、安装支架用螺栓连成一个整体，然后用膨胀螺栓将地坎托架组件安装于规定的位置。护

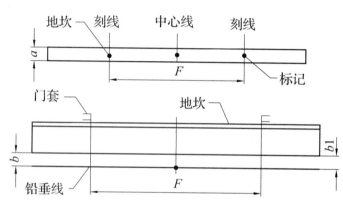

图 3-3-6　层门地坎安装位置

脚板安装在地坎上，并且底部通过斜撑固定在井道壁上。护脚板安装位置如图 3-3-7 所示。

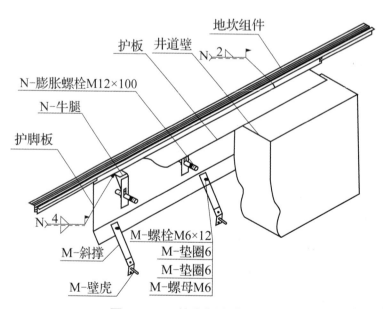

图 3-3-7　护脚板安装位置

注意： 当地坎层装饰厚度大于 160 mm 时，每个牛腿需要安装两个膨胀螺栓。贯通门时，地坎牛腿膨胀螺栓中心位置距混凝土上表面至少 60 mm。

二、门套的安装

（1）校正立柱的垂直度（误差应小于0.5/1 000）和门楣的水平度（与层门地坎左、右高度差小于1 mm），符合要求后，在门套立柱顶端及中间部位预留连接件，通过门洞预留钢筋进行焊接固定。门套立柱安装位置如图3-3-8所示。

（2）门套立柱下端卡槽通过地坎上两边预留的M6连接螺栓与地坎固定安装时需确认层门出入口的净高度。门套立柱固定位置如图3-3-9所示。

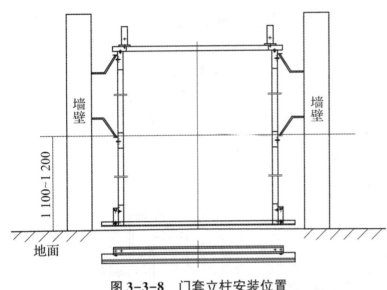

图3-3-8　门套立柱安装位置

图3-3-9　门套立柱固定位置

三、层门装置的安装

（1）调整连接件与层门装置安装支架，使其连接面保持竖直且连接面到门楣内侧面的距离保持8 mm，否则会影响门板和门套的间隙。安装支架调整位置如图3-3-10所示。

（2）将层门装置下导轨的内凹槽卡入固定悬挂件的橡胶头上，再用两个六角薄头螺栓M8×16将层门装置定在固定悬挂件上，如图3-3-11所示。

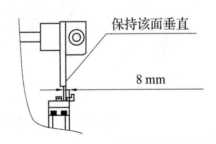

图3-3-10　安装支架调整位置

（3）当开门距为1 050 mm或1 100 mm时，用膨胀螺栓M6×65、方颈螺栓M8×20、六角法兰面螺母、M8平垫圈、弹簧垫圈、螺母和墙壁固定件将层门装置的两端固定在井道壁上，如图3-3-12所示。

（4）在紧固层门上坎时先确定层门装置型号。按型号规定要求在紧固螺栓前需确定层门上坎架位置，然后再紧固上坎架连接处螺栓以确保入口处层门净高及层门门板的正确安装。层门上坎固定位置如图3-3-13所示。

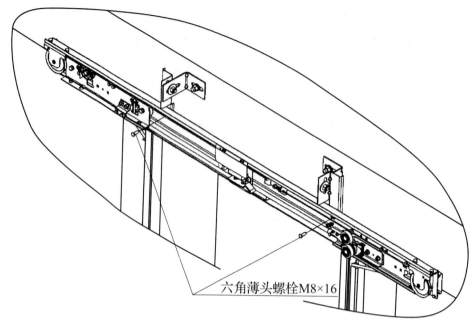

图 3-3-11 固定层门装置一

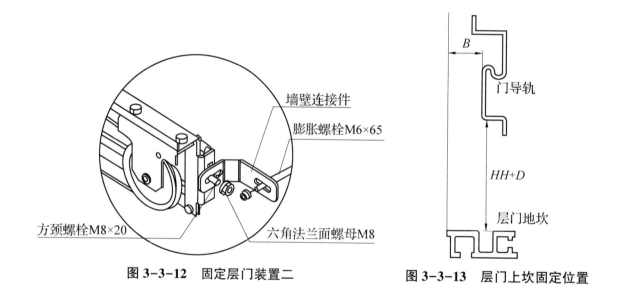

图 3-3-12 固定层门装置二

图 3-3-13 层门上坎固定位置

四、层门的安装

（1）清洁顶部轨道，清洁层门地坎导槽。将门滑块与层门门板下端进行连接。门滑块与层门门板连接如图 3-3-14 所示。

（2）竖立门板，在其底部垫上厚度为 3 mm 的垫块，用螺栓将门板和上坎挂板固定。调整门扇下端与地坎间的间隙小于等于 6 mm，必要时可以加调整垫片（层门上坎挂板与门板之间应不少于 3 片垫片），然后再调整门板与挂板前、后位置。层门调整机构如图 3-3-15 所示。

（3）调整偏心挡轮与门导轨的间隙，使间隙 $c \leqslant 0.4$ mm，如图 3-3-16 所示。

（4）门扇与门套、门扇与地坎间的间隙均应小于等于 6 mm，且同一垂直面上、下与开关和关门误差小于等于 1 mm，如图 3-3-17 所示。

项目三 电梯的安装调试与维护技术

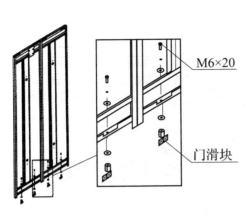

图 3-3-14 门滑块与层门门板的连接

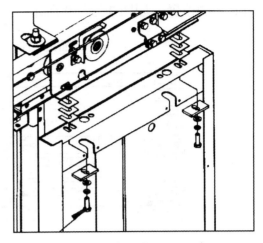

图 3-3-15 层门调整机构

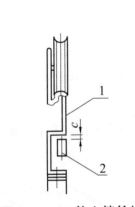

图 3-3-16 偏心挡轮机构

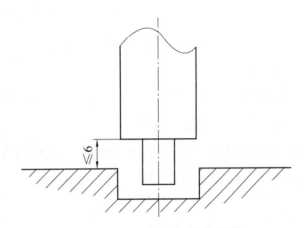

图 3-3-17 门扇与门套间隙

五、层门撞弓的安装

撞弓通过两个 M8×10 的螺栓与上坎架连接固定。调整边缘至出入口中心的距离为 76 mm。至上坎架上端面的距离为 70 mm。层门撞弓安装位置如图 3-3-18 所示。

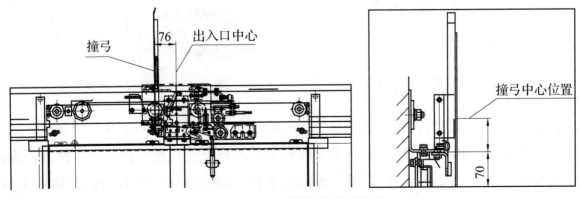

图 3-3-18 层门撞弓安装位置

六、层门门锁的调整

（1）拧松挂钩组件上两只六角法兰面螺母 M8，调整锁钩组件，使门锁下门球在距层门中心线 150 mm 的位置，如图 3-3-19 所示。

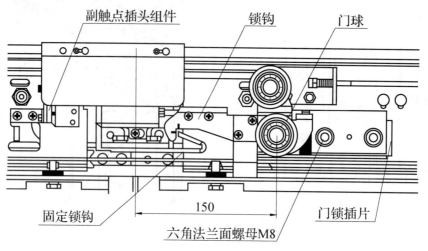

图 3-3-19 锁钩组件

（2）拧松防撞橡胶块的两个固定用的 M6×16 六角薄头螺栓，拧松钢丝绳压板上的压紧螺栓，调整钢丝绳压板的压紧位置，使两挂门板间距为 100 mm，且防撞橡胶块完全接触到挂门板，然后拧紧钢丝绳压板上的压紧螺栓，拧紧防撞橡胶块的两个固定用的 M6×16 六角薄头螺栓。钢丝绳压板如图 3-3-20 所示。

（3）安装并调整层门三角锁及摆杆组件，必须确认在使用三角钥匙打开三角锁时，能够正常、灵活、可靠地打开厅门，如图 3-3-21 所示。

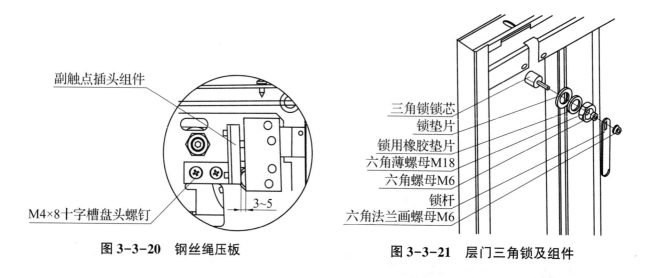

图 3-3-20 钢丝绳压板　　　图 3-3-21 层门三角锁及组件

（4）安装层门重锤组件：将重锤钢丝绳的台阶圆端拉过钢丝绳固定座，钢丝绳卡入钢丝绳固定座的槽内，并扣合在靠挂门板内侧的圆孔上；调节重锤钢丝绳轮护板，使其距重锤钢丝绳轮左边和上面为 1~2 mm，再拧紧护板固定螺栓。层门重锤组件安装位置如图 3-3-22 所示。

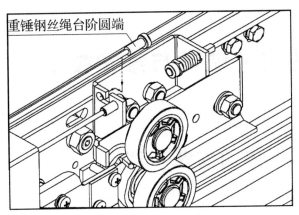 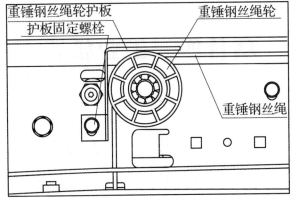

图 3-3-2-22 层门重锤组件安装位置

❖ 任务评价

完成上述任务后,认真填写表 3-3-8。

表 3-3-8 电梯层门的安装与调试评价表

组别		小组负责人	
成员姓名		班级	
课题名称		实施时间	

评价指标	配分	自评	互评	教师评
地坎的水平度考核	20			
地坎与门厅线的距离检查	20			
厅门与地坎的间隙检查	10			
厅门与门套的间隙检查	20			
门套的垂直度的考核	10			
着装符合安全规程要求	15			
能实现前、后知识的迁移,主动性强,与同伴团结协作	5			
总计	100			
教师总评 (成绩、不足及注意事项)				
综合评定等级(个人 30%,小组 30%,教师 40%)				

项目四 工业机器人的安装调试与维护技术

任务一 工业机器人本体的安装与调试

❖ 任务实施

本任务学习ABB IRB 14000机器人拆包、确定安全范围、现场安装等工艺流程及其安装与调试。

一、安装前操作

IRB 14000安装之前一定要经过严格的部署，保证安装的相关前提条件满足，具体操作步骤如表3-4-1所示。

表3-4-1 安装前操作步骤

序号	步骤内容
1	目测检查机器人确保其未受损
2	确保所用吊升装置适合于机器人质量：38 kg
3	如果机器人未直接安装，则必须做好储存 最低环境温度：-10 ℃ 最高环境温度：55 ℃ 最高环境温度（24 h以内）：55 ℃ 最大环境湿度：85%RH 常温
4	确保机器人的预期操作环境符合规格 最低环境温度：5 ℃ 最高环境温度：40 ℃ 最大环境湿度：85%RH 常温
5	将机器人运到其安装现场前，请确保该现场符合规格 最大水平度偏差为0.1/500 mm（机器人底座中锚定点周围的水平度值）。为补偿不规则的表面，可在安装期间对机器人进行重新校准。如果分解器/编码器校准发生变化，则会影响精度 最大倾角为0°（如果机器人从0°开始倾斜，则机器人的有效载荷上限将会降低） 最小共振频率为22 Hz
6	移动机器人前，请先查看机器人的稳定性
7	满足这些先决条件后，即可将机器人运到其安装现场
8	安装所要求的设备，如指示灯

二、确保工作范围

核实 IRB 14000 机器人需要的空间位置,保证机器人和相关操作者都有足够的运动空间。IRB 14000 机器人工作范围如图 3-4-1 所示。

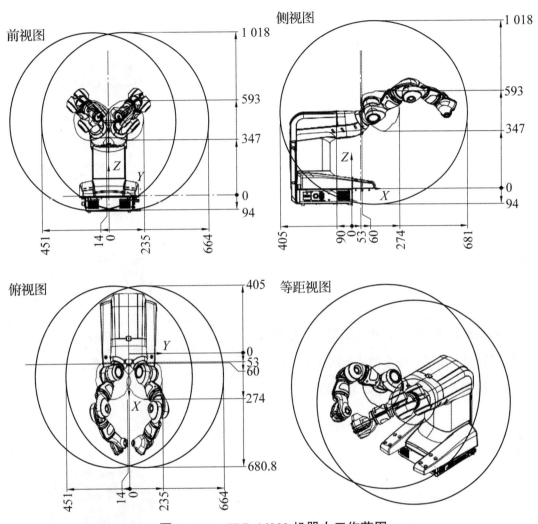

图 3-4-1　IRB 14000 机器人工作范围

注意:如果机器人未固定在基座上并保持静止,则机器人在整个工作区域中将会不稳定,移动手臂会使重心偏移,可能造成机器人翻倒。装运姿态是最稳定的姿态。将机器人固定到其基座之前,切勿改变其姿态。

三、现场安装

IRB 14000 是一款协作型机器人,整个机器人可以用起吊附件吊起,或由两个人抬起。具体安装过程如下。

(1) 用起吊附件抬升机器人,具体步骤如表 3-4-2 所示。

表 3-4-2 起吊机器人步骤

序号	步骤内容	示意图
1	IRB 14000 机器人重量为 38 kg，选择相应尺寸的起吊附件	略
2	将机器人移动到合适的吊升位置。注：在起吊和运输机械臂过程中不要让手臂打到任何东西，否则可能会损坏手臂的机械结构	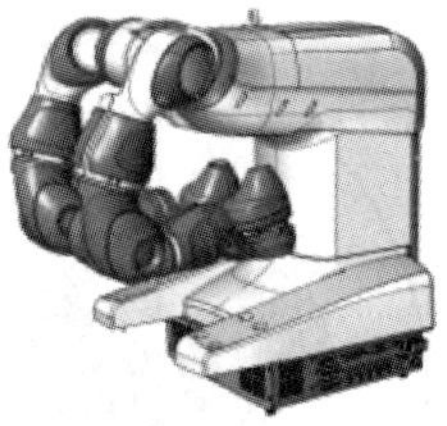
3	卸下螺纹盖	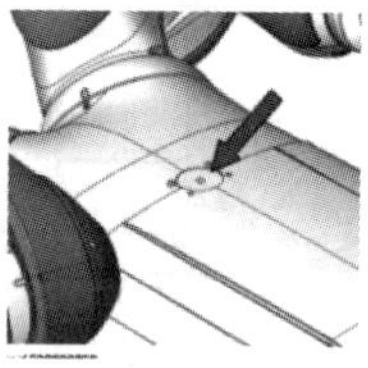
4	将吊眼安装到机器人上	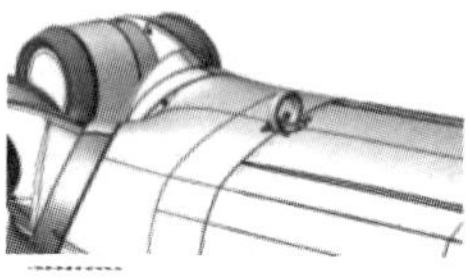
5	将吊索安装到吊眼上，并固定到高架起重机上	略
6	慢慢提升起重机，小心地将吊索拉紧	略
7	卸下机器人固定螺钉（如果机器人已经被固定）	略
8	使用吊车吊升机器人	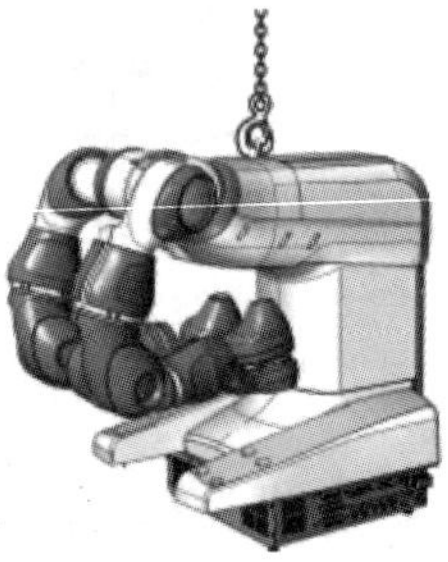

（2）两个人抱起机器人，具体步骤如表 3-4-3 所示。

表 3-4-3 抱起机器人步骤

序号	步骤内容	示意图
1	RB 14000 机器人重 38 kg，两个人即可抬起	略
2	两个人分别给在机器人的一边，抓住手持凹槽	

续表

序号	步骤内容	示意图
3	两个人分别给在机器人的一边，抬起机器人	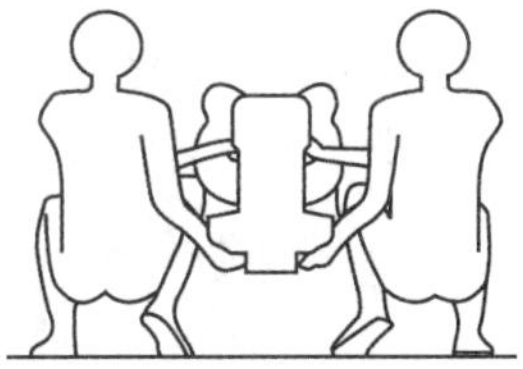
4	将机器人移到所需位置。注：在起吊和运输机械臂过程中不要让手臂打到任何东西，以免损坏手臂的机械结构	略
5	确定方位并固定机器人，将机器人固定在工作台上	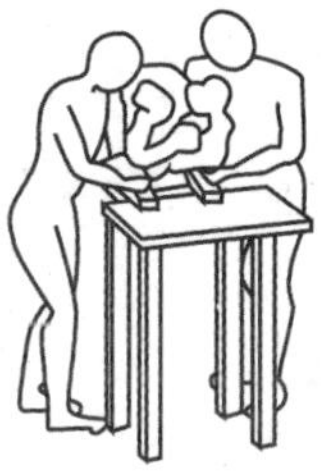

（3）确定方位并固定机器人。在机器人主体上有8个孔，固定机器人时使用的孔配置如图3-4-2所示，固定机器人的具体步骤如表3-4-4所示。

表3-4-4 固定机器人步骤

序号	步骤内容	注释
1	确保机器人的安装现场符合"安装前的操作程序"的规定	
2	在安装现场准备止动螺孔	底座的孔配置如图3-4-2所示
3	在机器人重38 kg，选择相应尺寸的提升设备	
4	在吊升或装运后放下机器人时，如果未正确固定，则存在翻倒风险	
5	将机器人吊升至安装现场。注：在起吊和运输机械臂过程中不要让手臂打到任何东西，以免损坏手臂的机械结构	机器人吊升方法参照表3-4-2
6	确保在基座的孔上装有两只销子	
7	在将机器人放入其安装位置时，用销子引导机器人	确保机器人底座正确安装到插销
8	将固定螺钉安装到底座的止动孔中	螺钉：M5×25（8个） 垫片：5.3×10×1（8个）
9	以十字交叉方式拧紧螺栓以确保底座不被扭曲	拧紧转矩：(3.8±0.38) N·m

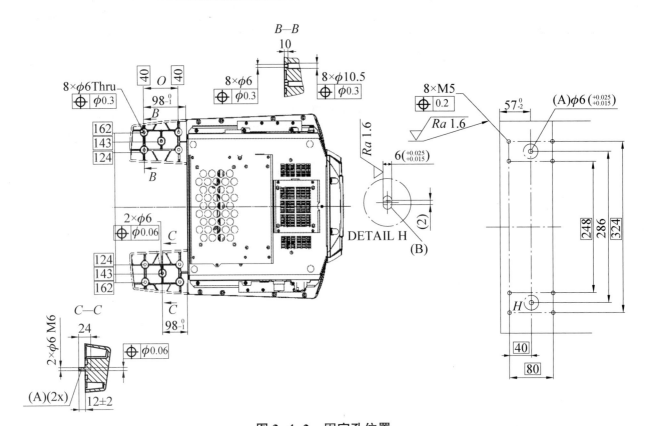

图 3-4-2 固定孔位置

A—主孔（圆）；B—对齐孔（槽）

(4) 手动释放制动闸。

制动闸释放单元配有控制轴制动闸的两个按钮，按钮 A 控制右臂，按钮 B 控制左臂，如图 3-4-3 所示。

注意：（1）电动机的轴 1、轴 2、轴 3 和轴 7 有制动闸，轴 4、轴 5 或轴 6 没有制动闸；（2）释放制动闸时，机器人轴可能移动非常快，且有时无法预料其移动方式。

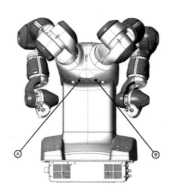

图 3-4-3 制动闸按钮位置

A—右臂的制动闸释放按钮；B—左臂的制动闸释放按钮。

手动释放制动闸的具体步骤如表 3-4-5 所示。

表 3-4-5　手动释放制动闸步骤

序号	步骤内容	示意图
1	制动闸释放单元配有控制轴制动闸的两个按钮，按钮 A 控制右臂，按钮 B 控制左臂。用制动闸释放按钮释放制动闸前，保证机器人有供电。	
2	按下按钮 A 松开右臂轴的制动闸，按下按钮 B 松开左臂轴的制动闸，按钮（A 或 B）释放后，制动闸将恢复工作	略

（5）安装信号灯。

采用黄色固定灯光的信号灯安装在机器人上或工作区域的适当固定位置上。灯光会指示机器人已上电，这可以让用户满足 UL 要求。信号灯位置如图 3-4-4 所示。

注意：确保电源、液压和气压的供应都已经全部关闭。

信号灯安装步骤如下。

（1）卸下主体盖板，具体步骤如表 3-4-6 所示。

图 3-4-4　信号灯位置

表 3-4-6　卸下主体盖板步骤

操作内容	具体步骤	示意图
卸下主体盖板	卸下主体盖板顶部螺钉	
	卸下主体盖板	
卸下下盖板	卸下主体下部盖板的后部螺钉	

操作内容	具体步骤	示意图
卸下前盖板和主体盖板	卸下前盖和下部主体盖板。注意盖板下的搭扣,不要将其损坏	

(2)信号灯安装,具体步骤如表3-4-7所示。

表3-4-7 安装信号灯步骤

操作内容	具体操作	示意图
安装信号灯	卸下护盖	
	将信号灯安装到信号灯座上	
安装信号灯	将信号灯装置安装到机器人上	
	连接灯线接头	略
	现在,信号灯已经可以用了。在"电动机开启"模式下会亮起	略
装回主体盖板	装回前盖和下部主体盖板。注意盖板下的搭扣,不要将其损坏	略

(3)装回主体盖板,具体步骤如表3-4-8所示。

表 3-4-8　装回主体盖板步骤

序号	步骤内容	示意图
1	装回前盖和下部主体盖板。注意盖板下的搭扣，不要将其损坏	
2	装回主体下部盖板的后部螺丝	螺钉：2个 拧紧转矩：0.2 N·m
3	装回主体盖板	螺钉：6个 拧紧转矩：0.9 N·m
4	将主体盖板的剩下两个螺钉装回	螺钉：2个 拧紧转矩：0.2 N·m
5	装回主体盖板顶部螺钉	螺钉：M3×6，4个 拧紧转矩：0.2 N·m

❖ 任务评价

完成上述任务后，认真填写表 3-4-9。

表 3-4-9　工业机器人本体的安装与调试评价表

组别		小组负责人	
成员姓名		班级	
课题名称		实施时间	
评价指标	配分	自评	互评	教师评
---	---	---	---	---
开箱验收记录正确	20			
吊装正确	25			
安装主体正确	10			
安装信号灯正确	10			
遵守课堂学习纪律	15			
着装符合安全规程要求	15			
能实现前、后知识的迁移，主动性强，与同伴团结协作	5			
总计	100			
教师总评 （成绩、不足及注意事项）				
综合评定等级（个人 30%，小组 30%，教师 40%）				

任务二　工业机器人控制柜的安装与调试

❖ 任务实施

本任务学习 ABB IRB 14000 机器人控制器的安装和连接方法，以及在此过程中的注意事项。

一、控制器左、右侧结构

IRB 14000 机器人的接口分别在其左、右两侧，布局紧密而有序，体现了协作型机器人结构紧凑的特点。控制器左侧接口示意图如图 3-4-5 所示，控制器右侧接口示意图如图 3-4-6 所示。

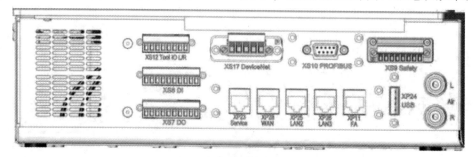

图 3-4-5　控制器左侧接口示意图

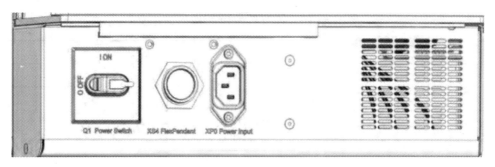

图 3-4-6 控制器右侧接口示意图

二、控制器连接

1. 连接电源和 FlexPendant

电源和 FlexPendant 连接接口如图 3-4-7 所示。其中：Q1 为电源开关；XS4 为 FlexPendant 电缆线接口；XP0 为电源输入，主 AC 电源接口，IEC 60320-1 C14，AC 100～240 V，50～60 Hz。

1）连接电源

（1）找到控制器右侧图示的主 AC 电源接口即 XP0 接口。

注意：电源开关必须关闭。

（2）连接电缆。

2）连接 FlexPendant

（1）找到控制器右侧图示的 FlexPendant 电缆线接口，即 XS4 接口。

图 3-4-7 电源和 FlexPendant 连接接口

注意：控制器处于手动模式。

（2）插入 FlexPendant 电缆连接器。

（3）顺时针旋转连接器的锁环，将其拧紧。

2. 连接 PC 和基于以太网的选件

（1）控制器左侧面板接口的连接器直接连接到 IRC5 主计算机的以太网口上，如图 3-4-8 所示。

控制器左侧面板接口定义如表 3-4-10 所示。

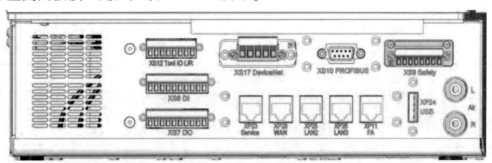

图 3-4-8 控制器左侧面板接口

表 3-4-10　控制器左侧面板接口定义

接口	定义
XP23	Service
XP24	USB 口到主计算机
XP25	LAN2（基于 Ethernet 选项的连接）
XP26	LAN3（基于 Ethernet 选项的连接）
XP28	WAN（连接到工厂 WAN）

（2）计算机端口如图 3-4-9 所示。计算机接口定义如表 3-4-11 所示。

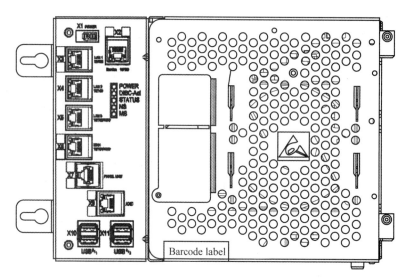

图 3-4-9　计算机端口

表 3-4-11　计算机接口定义

接口	定义
X1	电源
X2（黄）	Service（PC 连接）
X3（绿）	LAN1（连接 FlexPendant）
X4	LAN2（连接基于以太网的选件）
X5	LAN3（连接基于以太网的选件）
X6	WAN（接入工厂 WAN）
X7（蓝）	面板
X9（红）	轴计算机
X10，X11	USB 端口（4 端口）

注意：不支持主计算机（X2~X6）的多个端口链接到同一个交换机，除非在外部交换机上应用了静态 VLAN 隔离。

①服务器端口。

服务器端口旨在供维修工程师以及程序员直接使用 PC 连接到控制器。服务器端口配置了一个固定 IP 地址，此地址在所有的控制器上都是相同的，且不可修改；另外应该有一个 DHCP 服务器自动分配 IP 地址给连接的 PC。

②WAN 端口。

WAN 端口是连接到控制器的公网接口，通常是使用网络管理提供的公共 IP 地址连接工厂网络。WAN 端口可以从 FlexPendant 上的 Boot Application 来配置使用固定 IP 地址或 DCHP。默认情况下，IP 地址是空白的。部分网络服务（如 FTP 和 RobotStudio）是默认启用的。

注意：

WAN 端口不能使用以下任何 IP 地址，这些地址已分配用于 IRC5 控制器上的其他功能。

- 192.168.125.0-255
- 192.168.126.0-255
- 192.168.127.0-255
- 192.168.128.0-255
- 192.168.129.0-255
- 192.168.130.0-255

WAN 端口不能在与上述任何保留 IP 地址重叠的子网上。如果必须使用 B 类范围内的某个子网，则必须使用 B 类的专用地址以避免任何重叠。

③LAN 端口。

LAN 1 端口是连接 FlexPendant 专用的。LAN 2 和 LAN 3 端口用于将基于网络的生产设备连接到控制器上。如现场总线、摄像头和焊接设备。

第一种配置为 LAN 2，其只能配置为 IRC5 控制器的专属网络。隔离的 LAN 3 或属于私有网络的隔离 LAN 3（仅适用于 RobotWare 6.01 及更高版本）默认配置是 LAN 3 作为隔离网络配置。这可以让 LAN 3 链接到一个外部网络，包括其他机器人控制器。隔离 LAN 3 网络与 WAN 网络的地址限制相同，如图 3-4-10 所示。

另一个配置是将 LAN 3 作为私有网络的组成部分。端口服务 LAN 1、LAN 2 和 LAN3 则属于同一个网络，仅充当同一个交换机的不同端口。这是通过修改系统参数 Interface 来配置的，如图 3-4-11 所示。

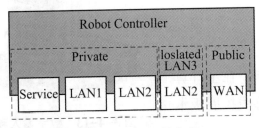

图 3-4-10　LAN 口定义一

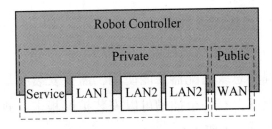

图 3-4-11　LAN 口定义二

④USB 端口。

USB 端口适用于连接 USB 存储设备。

注意：

建议使用 X10 连接器上的 USB 端口，即 USB1 和 USB2 来连接 USB 存储设备。X11 连接器上的 USB 端口仅供内部使用。

3．连接 I/O 信号

1）I/O 接口定义

通过控制器的左侧面板上的接口可以将数字 I/O 信号连接到 IRB 14000 上，如图 3-4-12 所示。

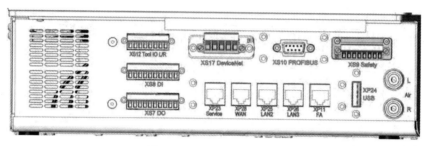

图 3-4-12　I/O 接口

I/O 信号接口定义如表 3-4-12 所示。

表 3-4-12　I/O 信号接口定义

接口	定义
XS12	工具 I/O，左臂和右臂到工具法兰的 4×4 数字 I/O 信号，与 XS8 和/或 XS9 交叉连接。这是工具法兰上 Ethernet 的备选方案
XS8	数字输入 8 数字输入信号到内部 I/O 电路板（DSQC 652）
XS7	数字输出来自内部 I/O 电路板（DSQC 652）的 8 数字输出信号

2）数字输入和输出

控制器接口上的数字输入和输出接头都连接到控制器的内部 DeviceNet I/O 单元。信号在系统参数中预先定义，主题为 I/O System，名称为 custom_DI_x 和 custom_DO_x。使用者应该修改名称以适应当前应用程序，数字输入和输出接头位置如图 3-4-13 所示。

4．连接现场总线

1）现场总线适配器扩展板卡

现场总线适配器要能使用，需要安装扩展板卡。在主计算机的顶部，有一个插槽可以安装扩展板卡。现场总线扩展板卡如图 3-4-14 所示。

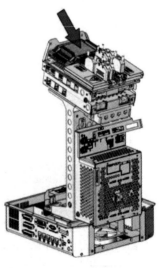

图 3-4-13　数字输入和输出接头位置

2）现场总线适配器

现场总线适配器插入主计算机顶部的扩展板卡。卡上有一个插槽可以安装现场总线适配器，如图 3-4-15 所示。

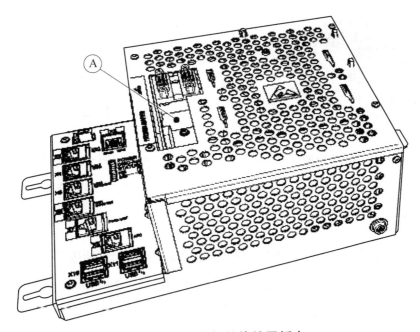

图 3-4-14 现场总线扩展板卡

A—装配好的现场总线适配器扩展板卡，不带适配器。

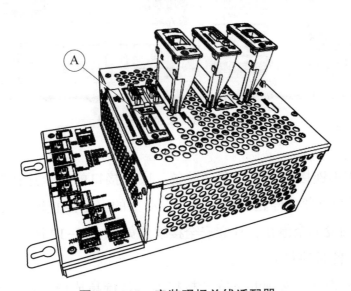

图 3-4-15 安装现场总线适配器

A—AnybusCC 现场总线适配器插槽。

3）DeviceNet 主控/从控电路板

DeviceNet 主控/从控电路板安装在主计算机的右侧，如图 3-4-16 所示。

4）DeviceNet 总线的端接电阻

DeviceNet 总线的每一端都必须用 121 Ω 的电阻端接。两个端接电阻的间距应尽可能远。端接电阻放置在电缆接头。DeviceNet PCI 板没有内部端接。端接电阻连接在 CANL 和 CANH，即按图 3-4-17 所示连接在引脚 2 和引脚 4 之间。

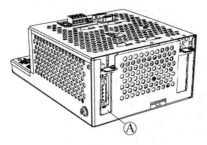

图 3-4-16 安装电路板

A—DeviceNet 主控/从控电路板的插槽。

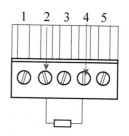

图 3-4-17 DeviceNet 总线端接电阻连接位置

5. 连接安全信号

IRB 14000 安全停止信号（SS）通过控制器左侧面板接口上的安全连接器访问，默认情况下属于独立模式，此位置被安全桥接器盖住；如果卸下安全桥接器，则变成外部设备模式。安全信号接口如图 3-4-18 中的 XS9 所示。

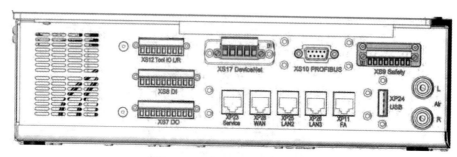

图 3-4-18 安全信号接口

1）独立安全

IRB 14000 独立则不连接任何外部安全设备。底部接口的安全连接器上插有安全桥接器，关闭了 FlexPendant 的两条紧急停止信道。每个传动上的安全停止输入会监测此信道，如果电路开路或断电，则会触发安全停止，独立安全接线图如图 3-4-19 所示。

2）连接到外部设备时的安全

要连接到外部安全设备，必须卸下安全桥接器。系统集成商应使用安全 PLC 或安全中继器来反馈和监测 IRB 14000 FlexPendant 的双信道紧急特定值。安全 PLC 应处理来自 IRB 14000 的紧急停止输入、来自单元中其他安全设备的输入，并设置必要的输出以停止单元内的机器。在必要地方可以维护双信道安全性能。通过接回一个信道的停止信号到安全信号接口 XS9，可以从安全 PLC 停止 IRB 14000，连接到外部设备的安全接线图如图 3-4-20 所示。

6. 安装存储器

1）SD 卡存储器

控制器配有包含 Boot Application 软件的 SD 卡存储器。SD 卡存储器位于计算机内部。

2）连接 USB 存储器

USB 端口在控制器上的位置如图 3-4-21 中的 XP24 所示，USB 口在 FlexPendant 上的位置如图 3-4-22 所示。

项目四 工业机器人的安装调试与维护技术

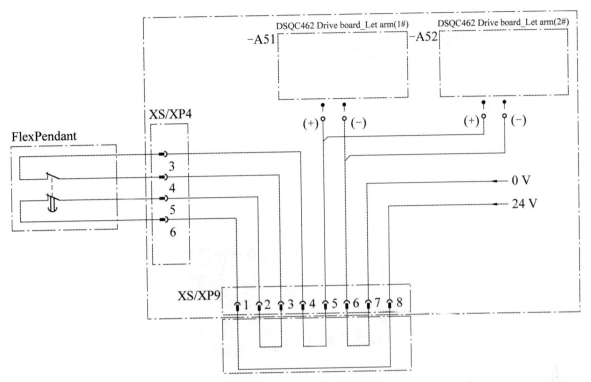

图 3-4-19 独立安全接线图

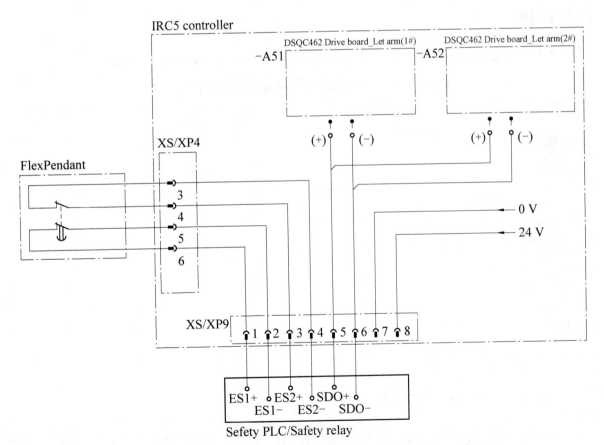

图 3-4-20 连接到外部设备的安全接线图

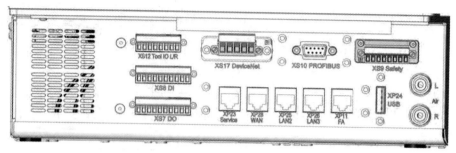

图 3-4-21　USB 端口在控制器上的位置

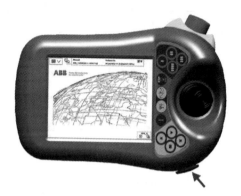

图 3-4-22　USB 口在 FlexPendant 上的位置

❖ 任务评价

完成上述任务后，认真填写表 3-4-13。

表 3-4-13　工业机器人控制柜的安装与调试评价表

组别		小组负责人	
成员姓名		班级	
课题名称		实施时间	

评价指标	配分	自评	互评	教师评
控制器结构记录正确	20			
信号线连接正确	25			
接口安装正确	10			
操作规范	10			
遵守课堂学习纪律	15			
着装符合安全规程要求	15			
能实现前、后知识的迁移，主动性强，与同伴团结协作	5			
总计	100			
教师总评（成绩、不足及注意事项）				
综合评定等级（个人 30%，小组 30%，教师 40%）				